소방안전교육사가 쓴

소방안전교육사 **2차**
기출·예상 문제집

소방안전교육사가 쓴

소방
안전
교육사
기출·예상
문제집

한국산업인력공단 시행
국가 공인 자격증

2020
합격 대비용!

2020년 국민안전교육
표준 실무 개정판
요약 정리!

박승균(남양주소방서 오남안전센터 팀장) 편저

소방안전교육사는 「소방기본법」제17조의2에 근거하여 소방안전교육을 위하여 소방청장이 실시한 시험에 합격한 사람을 말합니다. 즉, 보육시설의 영유아, 유치원의 유아, 학교의 학생을 대상으로 화재예방과 화재발생 시 인명과 재산 피해를 최소화하기 위하여 소방안전교육과 훈련을 수행하는 국가자격을 가진 사람을 말합니다.

한국산업인력공단에서 시행하는 소방안전교육사 자격시험은 소방안전교육의 기획·진행·분석·평가 및 교수 업무를 위한 수행 능력을 인증하는 것으로 2008년 제1회 시험이 시행되었으며, 2019년 제8회 시험에 이르렀습니다. 매회 응시인원이 증가하고 있으나 최근 보육시설의 영유아, 유치원의 유아, 초중등 학교에서의 학생 대상의 소방안전교육이 폭발적으로 증가하여 소방안전교육사 취득자가 절대적으로 부족하였습니다.

이에 2018년도 제7회 소방안전교육사 자격시험부터는 3차 시험이 폐지되고 매년 자격시험을 치르도록 법령이 개정되었습니다. 매년 자격시험이 실시됨에 따라 소방안전교육사 자격 취득 기회가 많아졌다고 할 수 있습니다.

소방안전교육사 2차 시험은 실제 소방안전교육 현장에 꼭 필요한 국민안전교육 실무 과목으로 재난 및 안전사고의 이해, 안전교육의 개념과 기본원리, 안전교육 지도의 실제 등 총 3개 분야입니다. 소방안전교육 실무 과목에 대해 충분히 이해하고 활용 및 응용할 수 있어야만 문제를 해결할 수 있도록 출제되고 있습니다.

본서는 소방안전교육사 2차 국민안전교육 실무의 핵심내용을 요점정리하였고, 최근 변경된 출제기준에 의해 출제된 기출문제를 복원하여 문제풀이를 하였으며, 기출문제를 심층 분석한 출제 예상문제에 힌트를 제공하여 답안 작성을 쉽게 할 수 있도록 하였습니다. 또한 기출문제 해설을 통해 수험생들이 자신의 답안과 비교하여 부족한 부분을 확인할 수 있도록 하였습니다.

소방안전교육사를 준비하는 수험생들이 이 책을 통해 꼭 합격하기를 응원합니다.

박승균 올림

■ 개요

보육시설의 영유아, 유치원의 유아, 학교의 학생을 대상으로 화재예방과 화재발생 시 인명과 재산 피해를 최소화하기 위하여 소방안전교육과 훈련을 실시하는 인력을 배출하기 위한 자격제도

※「소방기본법」제17조 제2항의 소방안전교육 대상 : 보육시설의 영유아, 유치원의 유아, 초중등교육법에 의한 학교의 학생

■ 수행직무

소방안전교육의 기획·진행·분석·평가 및 교수 업무

■ 소관부처명

소방청(119 생활안전과)

■ 응시자격

1. 「소방공무원법」제2조에 따른 소방공무원으로 다음 각 목의 어느 하나에 해당하는 사람

   ① 소방공무원으로 3년 이상 근무한 경력이 있는 사람

   ② 중앙 또는 지방의 소방학교에서 2주 이상 소방안전교육사 관련 전문교육과정을 이수한 사람

2. 「초중등교육법」제21조에 따라 교원의 자격을 취득한 사람

3. 「유아교육법」제22조에 따라 교원의 자격을 취득한 사람

4. 「영유아보육법」 제21조에 따라 어린이집의 원장 또는 보육교사의 자격을 취득한 사람 (보육교사 자격을 취득한 사람의 경우 보육교사 자격을 취득한 후 3년 이상의 보육 업무 경력이 있는 사람만 해당한다)

5. 다음 각 목의 어느 하나에 해당하는 기관에서 소방안전교육 관련 교과목(응급구조학과, 교육학과 또는 제15조 제2호에 따라 소방청장이 정하여 고시하는 소방 관련 학과에 개설된 전공과목을 말한다)을 총 6학점 이상 이수한 사람

   ① 「고등교육법」 제2조 제1호부터 제6호까지의 규정 중 어느 하나에 해당하는 학교

   ② 「학점인정 등에 관한 법률」 제3조에 따라 학습과정의 평가인정을 받은 교육훈련기관

6. 「국가기술자격법」 제2조 제3호에 따른 국가기술자격의 직무 분야 중 안전관리 분야(국가기술자격의 직무 분야 및 국가기술자격의 종목 중 직무 분야의 안전관리를 말한다. 이하 같다)의 기술사 자격을 취득한 사람

7. 「화재예방, 소방시설 설치·유지 및 안전관리에 관한 법률」 제26조에 따른 소방시설관리사 자격을 취득한 사람

8. 「국가기술자격법」 제2조 제3호에 따른 국가기술자격의 직무 분야 중 안전관리 분야의 기사 자격을 취득한 후 안전관리 분야에 1년 이상 종사한 사람

9. 「국가기술자격법」 제2조 제3호에 따른 국가기술자격의 직무 분야 중 안전관리 분야의 산업기사 자격을 취득한 후 안전관리 분야에 3년 이상 종사한 사람

10. 「의료법」 제7조에 따라 간호사 면허를 취득한 후 간호 업무 분야에 1년 이상 종사한 사람

11. 「응급의료에 관한 법률」 제36조 제2항에 따라 1급 응급구조사 자격을 취득한 후 응

급의료 업무 분야에 1년 이상 종사한 사람

12. 「응급의료에 관한 법률」 제36조 제3항에 따라 2급 응급구조사 자격을 취득한 후 응급의료 업무 분야에 3년 이상 종사한 사람

13. 「화재예방, 소방시설 설치·유지 및 안전관리에 관한 법률 시행령」 제23조 제1항 각 호의 어느 하나에 해당하는 사람

14. 「화재예방, 소방시설 설치·유지 및 안전관리에 관한 법률 시행령」 제23조 제2항 각 호의 어느 하나에 해당하는 자격을 갖춘 후 소방안전관리대상물의 소방안전관리에 관한 실무 경력이 1년 이상 있는 사람

15. 「화재예방, 소방시설 설치·유지 및 안전관리에 관한 법률 시행령」 제23조 제3항 각 호의 어느 하나에 해당하는 자격을 갖춘 후 소방안전관리대상물의 소방안전관리에 관한 실무 경력이 3년 이상 있는 사람

16. 「의용소방대 설치 및 운영에 관한 법률」 제3조에 따라 의용소방대원으로 임명된 후 5년 이상 의용소방대 활동을 한 경력이 있는 사람

기타 참고사항

■ 소방안전 관련 교과목

1. 소방안전관리론(소방학개론, 재난관리론, 소방 관련 법규를 포함한다)

2. 소방유체역학

3. 위험물질론 및 약제화학

4. 소방시설의 구조원리

5. 방화 및 방폭공학

6. 일반건축공학

7. 일반전기공학

8. 가스안전

9. 일반기계공학

10. 화재유동학(열역학, 열전달을 포함한다)

11. 화재조사론

■ 소방안전 관련 학과

1. 소방안전관리학과

   소방안전관리과, 소방시스템과, 소방학과, 소방환경관리과, 소방공학과 및 소방행정학과를 포함한다.

2. 전기공학과

   전기과, 전기설비과, 전자공학과, 전기전자과, 전기전자공학과, 전기제어공학과를 포함한다.

3. 산업안전공학과

   산업안전과, 산업공학과, 안전공학과, 안전시스템공학과를 포함한다.

4. 기계공학과

   기계과, 기계학과, 기계설계학과, 기계설계공학과, 정밀기계공학과를 포함한다.

5. 건축공학과

   건축과, 건축학과, 건축설비학과, 건축설계학과를 포함한다.

6. 화학공학과

   공업화학과, 화학공업과를 포함한다.

7. 학군 또는 학부제로 운영되는 대학의 경우에는 제1호부터 제6호까지 학과에 해당하는 학과

※ 소방안전 관련 교과목 및 소방 관련 학과를 인정받고자 하는 사람은 동일학과인정증명서 또는 동일교과목인정확인서를 해당 학교에서 발급받아 제출하여야 한다.

■ 결격사유

1. 피성년후견인 또는 피한정후견인

2. 금고 이상의 실형을 선고받고 그 집행이 끝나거나(집행이 끝난 것으로 보는 경우를 포함한다) 집행이 면제된 날로부터 2년이 지나지 아니한 사람

3. 금고 이상 형의 집행유예를 선고받고 그 유예기간 중에 있는 사람

4. 법원의 판결 또는 다른 법률에 따라 자격이 정지되거나 상실된 사람

※ 결격사유 기준일은 제1차 시험시행일이다.

■ **시험과목 및 방법**

구분	시험과목	문항 수	시험시간
1차 시험	1. 소방학개론 2. 구급 및 응급처치론 3. 재난관리론 4. 교육학개론 (4과목 중 3과목 택)	과목당 25문항 (총 75문항)	75분 (09:30~10:45)
2차 시험	국민안전교육 실무	논술형(주관식) 3~5문항	120분 (11:30~13:30)

■ **합격기준**

구분	합격기준
1차 시험	– 매 과목 100점을 만점으로 하여 매 과목 40점 이상 – 전 과목 평균 60점 이상 득점한 사람
2차 시험	– 과목 100점을 만점으로 하되, 시험위원의 채점점수 중 최고 점수와 최저 점수를 제외한 점수의 평균이 60점 이상인 사람

■ **면제대상자**
  • 시험의 일부 면제 : 제1차 시험에 합격한 자에 대하여는 다음 회의 시험에 한하여 1차 시험을 면제

■ **응시수수료(「소방기본법」 시행령 제7조의7 제3항)**
  통합 : 30,000원

■ **취득방법**

소방청장이 한국산업인력공단에 위탁하여 시행하는 1, 2차 시험에 합격하고 소방청에
서 실시하는 신원조회를 거쳐 최종 합격자로 결정되면 자격을 취득

■ **통계자료(최근 5년간)**

구분		2014	2016	2018	2019
1차	대상	264	288	1,492	1,295
	응시	174	169	1,037	842
	응시율(%)	65.9	58.68	69.50	65.02
	합격	44	103	330	567
	합격률(%)	25.3	60.94	31.82	67.34
2차	대상	78	119	406	776
	응시	52	55	356	547
	응시율(%)	66.7	46.21	87.68	70.49
	합격	6	16	99	394
	합격률(%)	11.5	29.09	27.80	72.03
3차	대상	6	17		
	응시	6	17		
	응시율(%)	100.0	100.0		
	합격	5	17		
	합격률(%)	83.3	100.0		

※ 2015년, 2017년 소방안전교육사 자격시험 미시행
※ 2018년도 제7회 소방안전교육사 자격시험부터 3차 시험 폐지

제8회 소방안전교육사 1차 시험 채점 통계(2019년)

1. 시행 현황

(단위 : 명, %)

구분	대상	응시	결시	응시율	합격	합격률
제8회 1차 시험	1,295	842	453	65.01	565	67.1

2. 과목별 채점 결과

(단위 : 점, 명, %)

구분	응시자 수	평균점수	과락자 수	과락률
소방학개론	805	73.28	7	0.9
구급 및 응급처치론	800	62.59	39	4.9
재난관리론	821	55.41	96	11.7
교육학개론	100	64.24	6	6

※ '과락자'는 과목별 40점 미만 득점자임

3. 합격자 연령별 현황

(단위 : 명)

합계	20~29세	30~39세	40~49세	50~59세	60세 이상
565	62	212	196	90	5

4. 합격자 성별 현황

(단위 : 명, %)

합계	남성	여성	여성 합격자 비율
565	365	200	35.4

1. 시행 현황

(단위 : 명, %)

구분	대상	응시	결시	응시율	합격	합격률
제8회 2차 시험	776	547	229	70.48	394	72.02

※ 2018년도 합격률 : 27.81%(대상 406명, 응시 356명, 합격 99명)

2. 합격자 연령별 현황

(단위 : 명)

합계	10대	20대	30대	40대	50대	60대 이상
394	–	33	149	142	66	4

3. 합격자 성별 현황

(단위 : 명, %)

합계	남성	여성	여성 합격자 비율
394	270	124	31.47

왜 소방안전교육사인가요?

저는 현직 소방관으로서 수차례 소방안전교육을 실시하면서 좀 더 체계적으로 교육하고 싶은 마음은 있었으나 어떻게 해야 할지 고민하던 차에 소방안전교육사가 되어야겠다는 생각을 하게 되었습니다. 하지만 2016년 제6회 시험까지는 너무나 적은 인원이 합격하는 것을 보면서 마음은 있었지만 선뜻 시험에 도전하려는 용기가 나지 않았습니다. 그런데 최근 개정된 소방안전교육사 자격시험에서는 3차 시험이 폐지되고 1차 필기와 2차 실기로 바뀌어서 이번이 기회라고 생각하고 도전하게 되었습니다.

제가 드리고 싶은 말씀은 지금 소방안전교육사 시험을 준비하는 분이나 준비하려고 하는 분들은 왜 소방안전교육사가 되고자 하는지 진지하게 고민해보았으면 합니다. 단순히 자격증 취득을 위해서가 아니라 소방안전교육의 필요성을 인지하고 소방안전교육사 자격을 취득하여 적극적으로 소방안전교육을 하고자 하는 분들에게 추천합니다.

소방안전교육사 시험은 어렵나요?

시험은 상대적이기 때문에 어렵다 또는 쉽다고 단정적으로 이야기할 수 없다고 생각합니다. 하지만 2018년 제7회 소방안전교육사 자격시험부터는 3차 시험이 폐지되고 출제과목도 변경되었습니다. 변경된 2차 시험은 기존과 과목이 달라 객관적으로 평가하기는 어렵지만 개인적으로는 이전보다 기출문제의 난이도는 상대적으로 낮았다고 생각합니다. 하지만 2차

시험은 서술식이기에 많은 노력이 필요합니다. 주변의 합격하신 분들의 이야기를 들어보면 2018년도 제7회 시험보다 2019년도 제8회 시험이 쉬웠다고 합니다.

구체적인 학습전략은?

저는 소방관이기 때문에 1차 시험은 승진 시험이나 소방 관련 자격증 시험을 보면서 공부한 내용이 있어서 조금은 수월했습니다. 1차 시험 네 과목 중 교육학개론을 제외한 나머지 세 과목을 선택하여 시중에 출간된 1차 수험서를 선택하여 공부하였습니다.

1차 시험과 2차 시험을 같은 날 치르기 때문에 1차 수험서는 최대한 빨리 보고, 2차 실기 시험을 준비하는 전략을 세웠습니다. 1차의 경우 재난관리론은 법령 중심으로 출제되어 고득점을 하고, 구급 및 응급처치론은 과락을 면하면 합격할 수 있을 것이라 생각하고 준비했습니다. 2차 시험인 국민안전교육 실무는 소방청 자료를 보았습니다. 마지막으로 기출문제를 보면서 제 나름대로 출제 예상문제를 만들어서 답안을 작성하였습니다.

2차 실기 문제에서는 실기시험 답안지에 문제를 쓰고 답안지를 작성해야 하는데 채점자가 제대로 알아볼 수 있도록 천천히 또박또박 쓰려고 노력하였습니다. 답안을 작성하고 난 후 키포인트를 따로 적어놓고 2회독할 때에는 핵심단어를 생각하면서 답안을 작성하였습니다.

2차 시험은 재난 및 안전사고의 이해, 안전교육의 개념과 기본원리, 안전교육 지도의 실제 등 3개 분야에서 출제되는데 '재난 및 안전사고의 이해'는 학자에 따른 이론이라 암기하면 되는 부분입니다. '안전교육의 개념과 기본원리'와 '안전교육 지도의 실제'는 따로따로 공부하는 것이 아니라 내가 안전교육사라면 어떻게 교수설계를 하고 이를 교수지도계획서에 반영할까 고민하면서 답안을 작성해보았습니다. 기출문제를 응용하여 유사한 문제를 직접 예상해서 답안을 작성하면서 공부하였습니다. 모든 내용을 다 쓰기보다는 중요한 핵심내용을 간단하게 쓰려고 했습니다.

시험이 임박해서는 1차는 과락만 면하자는 전략으로 이론 중심으로 빠르게 보았고, 2차에 시간을 많이 투자해서 공부했습니다. 2차 답안 핵심정리를 했던 부분을 다시 생각하면서 머릿속으로 답안 작성을 할 때 어떻게 할지 먼저 눈감고 생각하고 답안을 작성하는 방식으로 공부했습니다.

소방안전교육사 시험에서 반드시 고득점을 받을 필요는 없습니다. 소방안전교육사 시험은 네 과목 중 세 과목을 택하여 매 과목 40점 이상, 평균 60점 이상이면 1차 합격합니다. 2차 국민안전교육 실무는 시험위원 채점점수 중에서 최고 점수, 최저 점수를 제외한 점수의 평균이 60점 이상이면 합격합니다.

2차 답안 작성 시 아는 문제는 자신 있게 쓰지만 모르는 문제는 당황해서 답안 작성을 포기하고 빈칸으로 남겨놓고 나오는 경향이 있는데 '만일 내가 소방교육사라면 어떻게 할까' 생각하면서 답안을 작성한다면 최소한의 부분점수는 받을 수 있습니다. 이러한 노력으로 받은 부분점수가 모이면 합격의 영광을 얻을 수 있습니다.

수험생 여러분!
소방안전교육은 국민의 생명을 지키기 위해 꼭 필요한 교육입니다. 소방안전교육사가 되어 생명을 살리는 교육을 하는 모습을 꿈꾸면서 공부하기를 부탁드립니다. 힘내시고 주변 환경이 힘들어 흔들릴지라도 견뎌내면 최후에는 합격이라는 기쁨을 만끽할 수 있을 것입니다. 합격의 그날을 위해 응원합니다. 파이팅!

Contents

국민안전교육
이론 요점정리

소방안전의 범위와 활동영역은 화재뿐만 아니라 모든 사고에 대응하는 것이다. 이에 소방안전교육의 목적은 소방안전과 각종 안전 분야의 지식을 습득하고 위험에 대처하는 기능을 익히며, 안전에 대한 올바른 태도를 갖게 하여 안전을 구현하는 생활을 통해 국가발전에 이바지하는 전인적 교육에 있다. [지식(이해), 기능(숙달), 태도(행동), 전인적(습관)]

소방안전교육은 이러한 현장에서 얻은 실무 경험과 노하우를 축적한 결과 안전사고 발생 현실에 가장 근접할 수 있으며, 이때 얻어진 안전 경험을 바탕으로 사고를 미연에 방지할 수 있도록 예방 교육 프로그램으로 연결한다.

소방안전은 다른 민간단체와 달리 소방이 기존에 가지고 있는 인적자원(진압·구조·구급대원 등)과 물적자원(소방차량 및 장비) 그리고 현장에서 얻어진 경험을 활용하여 살아 있는 교육을 시행하고자 한다.

※ **교육의 3요소**
   ① 주체 : 강사
   ② 객체 : 수강자
   ③ 매개체 : 교육내용(교재)

※ **안전교육 목표에 포함되어야 할 사항**
   ① 교육 및 훈련의 범위
   ② 교육 보조자료의 준비 및 사용지침
   ③ 교육훈련의 의무와 책임 한계의 명시

요점 2 **소방안전교육의 필요성**

1. 안전의 욕구와 시대적 상황

① 매슬로의 욕구위계설과 같이 안전의 욕구는 인간이 추구하는 가장 기본적인 욕구 중 하나이다.

② 사회가 급속도로 발전함에 따라 우리 사회에는 자연재난·재해 등의 큰 위험이 항상 도사리고 있으므로 국민에게 이러한 위급한 상황을 인식하도록 가르쳐 그것을 예방 하고 경계하도록 한다.

2. 국내외 사례와 교훈

① 우리나라는 지난 2014년 4월 세월호 참사를 경험했다.

② 지난 2011년 3월 일본의 이와테현과 미야기현 쓰나미 대참사에서 재난에 대처하는 일본인들의 침착한 모습을 보았다. 실천적 실생활에 목표를 둔 일본의 안전교육은 우리에게도 귀감이 된다.

③ 스웨덴은 교통안전 분야에서 최고의 교육실천을 보이고 있다. 어린이 교통사고가 가 장 적으며 안전교육을 가장 잘 시키는 나라이다.

④ 스위스의 민방위 훈련은 실제와 똑같은 상황을 연출하여 체험교육을 시킬 수 있도록 다양한 훈련시설을 갖추고 있으며, 공공건물은 물론 개인주택의 신축에도 지하 화생 방 대피시설의 설치를 의무화하고 있다.

※ 소방안전교육사의 덕목

신뢰성 있는 소방안전교육사, 실천적 리더십 있는 소방안전교육사, 친근감 있는 소방안전교육사, 생명을 살리는 소방안전교육사

요점 3   안전/ 안전의 구분

1. 안전

　안전의 사전적 정의는 위험하지 않는 것, 마음이 편안하고 몸이 온전한 상태를 말한다. 이는 바꾸어 말하면 위험을 알아야 안전을 알 수 있다는 의미이다. 위험하지 않은 상태를 유지하기 위해서는 위험이 무엇인지를 알아야 하며, 또한 위험에서 벗어나기 위한 방법을 알아야 한다.

2. 안전의 구분 및 내용

구분		피해 형태	확보 방안	비고
안전	물리적 안전	• 부상, 사망 등 신체적 피해 • 건물 파손, 소실 등 물적 재산 피해 • 통신 마비, 경제 파급 등 사회적 비용 손실	• 기술적 보완 • 제도적 보완	
	심리적 안전	• 인간의 심리적 불안정	• 기술적 보완 • 제도적 보완 • 안전교육 홍보 • 사회적 안정성 확보 등	물리적 안전보다 요구 수준이 높기 때문에 비용 및 노력이 매우 많이 요구됨

① 물리적 안전

　• 우리의 신체나 물건, 재산 등이 1차적인 물질적 피해나 위험으로부터 보호되거나 회피되어 있는 상태

　• 예를 들면, 교통사고 시 부상을 막아줄 수 있는 안전벨트를 착용하는 것은 물리적 안전을 위한 행동이다.

② 심리적 안전

　• 심리적 안전은 위험에 대한 불안감이 없는 상태, 즉 안심(安心)의 개념

- 심리적 안전의 확보를 위해서는 안전기술에 대한 이해 및 신뢰 확보, 안전교육 및 홍보, 시민의식의 고양 등 사회 전반에 안전 문화가 충분히 형성되어야 한다(장기적 시간 필요).

③ 물리적 안전과 심리적 안전의 관계
- 물리적 안전의 경우 예상되는 물리적 위험의 강도에 대응하기 위한 기술적·시설적 설치 및 보완을 통해 구현 가능하지만, 심리적 안전은 물리적 안전이 확보되어 있다 하더라도 개개인마다 느끼는 수준이 다르기 때문에 확보가 매우 어려울 수 있다.
- 과거에는 '안전 = 물리적 안전'을 의미했으나 최근 다양한 대형사고 및 재난을 경험하면서 물리적 안전뿐만 아니라 심리적 안전의 확보가 매우 중요한 상황이 되었다.
- 안전한 시설을 갖추고 있더라도 그 시설을 이용하는 사람이 불안감을 느낀다면 결국 충분한 안전을 확보하지 못한 것이다.

※ **(안전) 심리의 5요소** : 동기, 기질, 감정, 습성, 습관
  ☞ 습관에 영향을 주는 4요소 : 동기, 기질, 감정, 습성

사고(재해) 원인의 구성요소와 안전대책

1. 산업재해는 대부분 불안전 상태에 불안전 행동이 겹쳤을 때 발생

발생된 산업재해의 91%의 정도는 그 재해 원인의 구성요소 가운데 불안전 상태라고 하는 재해 요인을 포함하며, 동일 재해에 대하여 96% 정도가 그 재해 원인의 구성요소 가운데 불안전 행동이라고 하는 재해 요인을 포함하고 있음을 재해 관련 통계에서 찾아볼 수 있다.

2. 사고(재해) 원인의 구성요소

① 불안전 상태는 포함되어 있으나, 불안전 행동은 포함되어 있지 않다.

② 불안전 행동은 포함되어 있으나, 불안전 상태는 포함되어 있지 않다.

③ 양자가 동시에 포함되어 있다.

이상의 세 가지가 있다. 대부분의 재해는 ③의 경우에 해당한다.

재해 원인의 구성요소

3. 안전관리의 방향과 대책

인간의 위험행동만 없다면 재해는 발생하지 않는다고 할 수 있다. 그러나 인간의 주의력에는 한계가 있으며 인간에게는 공통적인 결함이 있어 완벽한 인간을 바라는 것은 무리이다. 그러므로 안전관리의 방향은 불안전한 상태를 개선하기 위한 계획에 중점을 두고 불안전한 행동을 합리적으로 배제할 수 있는 시책을 병행하여야 한다. 즉, 근로자가 처한 외부의 물적

환경을 대상으로 하는 기술적 대책과 사람을 대상으로 하는 인간적 대책이 병행되어야 한다. 인간적 대책을 수립하기 위해서는 인간의 심리적·생리적 특성 연구를 통하여 근로자와 관리감독자 간에 새로운 인간관계를 정립하는 것이 필요하다.

※ 작업자의 안전사고 요인

1. 소수 근로자에 의해 발생(지능, 성격, 감각, 운동 기능에 따라)
   → (안전) 심리의 5요소(동기, 기질, 감정, 습성, 습관)를 통제함으로써 안전사고 예방
   ① 방심, 공상
   ② 판단력 부족
   ③ 주의력 부족
   ④ 안전의식 부족
   ⑤ 개인의 결함 : 과도한 자존감/자만심, 사치와 허영심, 도전적 성격/다혈질, 인내력 부족, 고집 및 과도한 집착성, 감정의 장기 지속성, 나약한 마음, 태만, 경솔함, 배타성/이기심
   ⑥ 생리적 현상 : 시력/청력 이상, 신경계통 이상, 육체적 능력 초과, 근육운동 부적합, 극도의 피로

2. 착오와 착각 현상 : 평소 정상 → 돌발 현상
   ① 착오 : 주의력 분산에 의해 발생
   ② 착각 : 왜곡된 자극이 감각에 주어졌을 때, 자극의 수용 처리가 잘못되었을 때

※ 인간 착오의 메커니즘
   ① 위치의 착오   ② 순서의 착오
   ③ 패턴의 착오   ④ 형(모양)의 착오
   ⑤ 잘못 기억

사고(재해)예방의 원칙

1. **손실 우연의 법칙 :** 손실의 크기와 대소는 예측이 어렵고 우연에 의해 발생하므로 사고 자체가 발생하지 않도록 방지와 예방이 중요하다.

2. **원인 계기의 원칙 :** 사고에는 항상 원인이 있다.

3. **예방 가능의 원칙 :** 사고와 재해는 원칙적으로 원인만 제거되면 예방이 가능하다.

4. **대책 선정의 원칙 :** 재해 예방이 가능한 안전대책은 항상 존재한다.
   ① 기술적(공학적) 대책 : 안전설계, 작업행정의 개선, 안전기준의 설정, 환경설비의 개선·점검·보존의 확립
   ② 교육적 대책 : 안전교육 및 훈련
   ③ 규제적 대책 : 엄격한 규칙에 의해 제도적으로 시행

요점 6 **사고(재해) 유해 위험요인의 평가와 대책**

4M	유해 위험요인	평가와 대책
1. 작업자 (Man)	인간의 실수 1. 착각, 착시 2. 오조작, 부주의 3. 습관, 개성의 특질	1. 교육과 훈련, 시기와 성별 2. 적성 배치, 통제 관리, 작업기준 설정 3. 보호구 착용, 복장 개선, 치공구의 개선 4. 작업자의 제안, 건의, 컴플레인 수용
2. 기계 설비 재료 (Machine)	1. 변형, 부식, 마모, 부품 결함 2. 구조상 · 작업상 위험 3. 기계 배치상 위험, 이상 위험 4. 원자재 보관, 운반 위험	1. 정기점검, 설계 성능 검사, 판정기준 적정 2. 구조상, 표준 작업기준, 치공구 안전화 3. 작업 책임자 배치, 이상 예지 훈련 4. 운반, 보관, 포장 안전상 레이아웃
3. 작업방법 (Media)	1. 공정 복잡, 혼동상 위험 2. 작업방법이 다름 3. 운반, 보관 등 혼동상 위험	1. 공정 분석, 작업 간편화 2. 작업절차 익힘 3. 작업방법 훈련 4. 작업자의 경험, 제안제도 활용 개선
4. 관리 (Management)	1. 작업지시 혼란 2. 부적절한 작업지시 3. 작업신호 불일치상 위험	1. 작업체계 획일화 2. 매니저의 적정 배치, 지속 훈련 3. 작업신호체계 확립, 훈련

요점 7 위험관리의 5단계와 단계별 대책

위험원과 사고발생 조건에 따른 우선순위	단계별 대책(방법)
1단계 : 위험원의 제거	① 없앰 ② 대체(전체 작업방법의 변경)
2단계 : 위험원의 격리	① 자동화/원격조정(Remote Control) ② 위험점 이격, 안전거리 확보(울, 방책)
3단계 : 위험원의 방호	① 덮개, 후드 설치(격리보다 인접작업) ② 인터록 방호장치
4단계 : 위험원에 대한 인간의 보강	① 적정 수공구 사용(일부 작업방법 변경) ② 보호구 착용
5단계 : 위험원에 대한 인간의 적응	① 교육(기준, 작업절차, 위험 대피요령) ② 훈련(작업자세 등 조건반사화)

요점 8 | 하인리히(Heinrich)의 도미노(사고 연쇄성) 이론

- 하인리히는 1920년대 미국의 보험분석전문가로서,
- 5,000여 건의 보험사고 사례를 분석한 후 사고 연쇄성 이론을 정립하여 1931년 발표 했다.
- 사고 330건 중 아차사고가 300건, 경상이 29건, 중상(사망)이 1건 비율로 발생했다.
- 사고의 연쇄성을 서양의 골패짝 이론인 도미노(Domino) 이론을 도입하여 설명했다.
- 사고에 따른 직접 손실비를 1이라 하면 간접 손실비를 4라고 정한다.

1. 하인리히의 재해 도미노 이론

① 1단계 : 사회적(환경)·가정적·유전적 요소

② 2단계 : 개인적 결함

③ 3단계 : 불안전한 행동 및 상태(물리적·기계적 위험)

④ 4단계 : 사고

⑤ 5단계 : 재해

하인리히의 재해 도미노 이론 5단계

이 5단계에서 중간의 한 가지 요소라도 제거되면 사고는 발생하지 않는다. 이것이 '도미노(골패) 이론'인데, 하인리히는 사고예방의 중심목표로 불안전 행동(unsafe act)과 불안전 상태(unsafe condition)를 제거하는 데 안전관리의 중점을 두어야 한다고 강조하고 있다.

2. 재해 예방 : 3단계의 불안전한 행동 및 상태의 제거를 강조한다.

3. 재해 구성비율 1 : 29 : 300 법칙 : 330회의 사고 가운데 중상 또는 사망이 1회, 경상이 29회, 무상해 사고가 300회의 비율로 발생한다.

하인리히의 법칙(330개의 사고발생 분석)

※ 하인리히의 사고 방지 대책 5단계

① 제1단계 : 조직

② 제2단계 : 사실의 발견

        └ 사실의 확인 : 사람, 물건, 관리, 재해 발생 경과

        └ 조치사항 : 자료수집, 작업공정 분석 및 위험 확인, 점검 검사 및 조사

③ 제3단계 : 분석

④ 제4단계 : 시정책의 선정

⑤ 제5단계 : 시정책의 적용(3E 적용)

   3E : 공학기술(Engineering), 교육(Education), 실행(Enforcement)

     – 공학기술 : 안전을 위해 설비와 장치 및 물적·환경적 조건을 확보하는 것

     – 교육 : 사람을 가르쳐 안전한 삶을 영위할 수 있도록 하는 것

     – 실행 : 삶의 현실에서 안전규칙과 기준 등을 준수하고 필요한 절차 및 관리 등을 수행하면서 실제로 안전한 삶을 실천해가는 것

요점 9 **버드(Bird)의 개선된 도미노(신 사고 연쇄성) 이론**

- 버드는 보험전문가로서 하인리히가 인적재해만 다룬 것과 불안전한 상태와 행동의 원인이 개인적 결함이라는 사실을 반박했다.
- 버드는 불안전한 상태와 행동의 원인은 4M에 기인하고, 근본적 원인은 기업주(경영자)의 통제관리 부족에 기인한다고 하였다.
- 버드는 사고 641건 중 아차사고가 600건, 물적재해가 30건, 인적재해가 10건, 중상 1건이 발생한다고 하였다.

버드의 재해 사고발생 5단계

버드도 하인리히와 같이 5개의 손실요인이 연쇄적으로 반응하여 재해를 일으키는 것으로 보았는데, 그 첫 단계를 전문적 관리 기능의 부족으로 보았다. 이와 같이 사고발생이론들에 의하면 사고발생 가능성은 사회구조적 요인은 물론 개인의 건강, 기능 수준 및 정서 상태의 불안정에 따른 개인적 요인들에 의해 일어나는 경향이 크다는 점을 감안하여, 개인적인 위험요인을 미리 예방하거나 제거하면 사고를 효율적으로 예방할 수 있음을 크게 시사해준다.

깨진 유리창 이론(Broken Window Theory)

1. 깨진 유리창 하나를 방치해두면 그 지점을 중심으로 범죄가 확산

- 사소한 무질서 혹은 결함을 방치하게 되면 나중에는 더 큰 피해 또는 피해의 확대가 일어날 수 있다는 개념이다.

- 1969년 미국 스탠퍼드 대학교 필립 짐바드로 교수는 차량 두 대로 실험을 하였다. 치안이 허술한 골목에 동일한 차량 두 대를 보닛을 열어둔 채로 방치하되, 그 중 한 대는 창문을 깨뜨린 상태였다. 일주일 뒤 확인해보니 보닛만 열어둔 차는 상태가 그대로였으나, 보닛을 열어두고 창문이 깨진 차량은 더 많은 범죄 행위를 유발한 사실을 확인할 수 있었다. 이 실험결과는 작은 문제점이나 허술함도 방치해서는 안 된다는 의미로 볼 수 있다.

'깨진 유리창 이론'의 개념

2. 위험요소가 발견되었을 때 즉시 보완하고 대처해야 함을 강조

- 정상 상태 또는 문제가 드러나지 않은 상태에서는 위험요소가 적다. 하지만 일단 사소한 결함이나 문제가 발생하기 시작했을 때 대처하지 않거나 방치하면 그 이후에는 돌이킬 수 없는 위험이나 피해가 발생할 수 있다는 것이 '깨진 유리창 이론'의 핵심이다.

- 안전 측면에서는 위험요소가 발견되거나 확인되었을 때 그 즉시 보완하고 대처해야 이후 큰 사고를 막을 수 있다는 개념으로 해석할 수 있다.

요점 11 스위스 치즈 모델(The Swiss Cheese Model)

1. 하나의 사건이나 사고에는 여러 위험요소가 동시에 존재

영국의 심리학자 제임스 리즌(James Reasen)이 제시한 사고 원인과 결과에 대한 모형이론으로서 오늘날까지 가장 타당한 모델 중 하나로 인정받고 있다. 하나의 사건이나 사고, 재난은 한두 가지의 위험요소로 인해 발생하는 것이 아니라 여러 위험요소가 동시에 존재해야 한다는 것이 이 모형의 핵심내용인데, 이를 설명하기 위해 스위스 치즈를 제시하였다.

2. 치즈 슬라이스의 구멍은 안전요소 결함을 의미

스위스 치즈는 제작 과정, 발효 단계에서 치즈 내부에 기포가 생긴 상태로 굳게 되는데, 치즈를 얇게 썰게 되면 이러한 공극으로 인해서 치즈 슬라이스에 불규칙한 구멍들이 생기게 된다. 이러한 불규칙한 구멍이 있는 치즈 슬라이스들을 여러 장 겹쳐놓아도 그 치즈 슬라이스 전체를 관통하는 구멍이 있을 수 있다는 것이다. 여기서 치즈 슬라이스는 안전요소들이

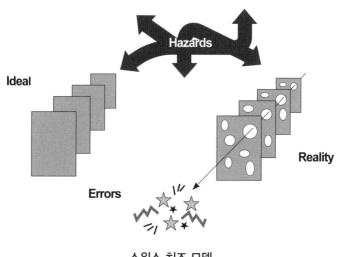

스위스 치즈 모델

※ 위 그림에서 왼쪽은 가장 이상적인 상황으로 위험에 대비하기 위한 안전요소에 결함이 없고, 이러한 안전요소가 중복적으로 준비되어 위험에 대비한다. 그러나 실제 상황(오른쪽)에서는 위험에 대비하는 안전요소에도 결함이나 미흡함은 존재하며, 이러한 안전요소를 중첩하여 대비하더라도 구멍이 뚫려 사고가 발생하게 된다.

며, 치즈 슬라이스의 구멍은 안전요소의 결함을 의미한다.

3. 결함이 동시에 노출될 때 사고발생

사고나 재난은 아무리 여러 단계의 중첩적인 안전요소를 갖추어도 발생할 수 있다. 각 단계의 안전요소마다 내재된 결함이 있으며, 이러한 결함이 우연히 또는 필연적으로 동시에 노출될 때 사고가 발생하게 된다.

4. 고층건물 화재로 인해 피해가 발생하는 경우

고층건물에서 화재가 발생했는데 화재감지기가 정상 작동하여 빠르게 화재가 감지되었고 경보가 울려 사람들이 신속하게 대피했으며, 동시에 스프링클러도 작동했다면 화재는 큰 피해 없이 진압된다. 그러나 화재감지기가 작동하지 않는 경우에는 화재 상황을 신속하게 알 수 없는 사람들은 빨리 대피하지 못하겠지만 스프링클러만이라도 정상 작동한다면 화재를 진압하여 피해가 커지는 상황에까지는 이르지 않는다. 반대로 화재감지기만 작동하고 스프링클러가 작동하지 않는 경우에도 사람들은 신속하게 대피하여 인명 피해가 발생하는 위험한 상황까지는 이르지 않게 된다.

그런데 화재감지기와 스프링클러가 모두 작동하지 않는 경우라면 어떻게 될까? 이것은 스위스 치즈 모델에서 제시한 여러 장의 치즈 슬라이스를 겹치더라도 구멍이 뚫린 상황으로, 사람들의 대피는 물론 화재진압도 이루어지지 못해서 대형 인명 피해와 재산 피해가 발생하게 되는 것이다.

5. 안전대책의 한계 및 대응

이 이론을 통해서 사고나 재난은 여러 위험요소가 중첩될 때 발생하게 되며, 이러한 위험요소 중 하나라도 제대로 대비된다면 재난이 발생하거나 대형화되는 것은 예방할 수 있음을 알 수 있다. 한편으로 현실에서는 어떠한 안전대책도 완벽할 수 없으며, 재난이나 사고의 발생을 제로로 만드는 것은 한계가 있기 때문에 항상 발생에 대비한 대응 및 대처를 철저히 해야 한다는 의미이기도 하다.

요점 12 안전교육의 이론

안전교육은 안전하고자 하는 인간의 기본 심리를 바탕으로 하며, 사고 가능성과 위험을 제거하는 것을 목적으로 한다. 인간의 행동 변화와 물리적 환경에서 발생한 상황 또는 상태에서 나와 타인에게 위험을 줄 수 있는 요건에 대해 적극적으로 대처하는 방법을 익히는 교육으로 생존과 연관되어 차별화된다. 따라서 소방안전교육은 행동주의, 인지주의, 구성주의 학습이론 중 행동주의와 밀접하게 관련된다.

1. 행동주의 학습이론 : 지식 습득의 결과는 행동의 변화로 나타난다. 행동주의에서 학습은 경험을 통해 소유한 무엇 때문에 발생하는 행동의 지속적인 변화이다. 행동주의의 근본적인 학습원리는 특정 자극을 지속적으로 가하여 특정 반응을 지속적으로 나타내도록 자극과 반응을 연합시키는 것이다.

2. 인지주의 학습이론 : 아직 경험하지 못한 상황에 대해 적절히 대처하는 행동은 외부 환경에서 필요한 정보를 능동적으로 수집하여 인지함으로써 이루어진다는 학습이론이다. 행동주의에서의 그것처럼 학습이 반드시 자극과 반응 사이의 관계에 따라 이루어지는 것은 아님을 강조하고 있다.

3. 구성주의 학습이론 : 인간이 자신의 경험으로부터 지식과 의미를 구성해낸다는 이론이다. 교육학에서는 피교육자들이 교육을 받을 때 학습 이전의 개념을 토대로 학습이 진행된다는 의미가 된다. 그에 따르면 교사의 역할은 피교육자가 사실이나 생각을 발견할 수 있도록 돕는 것이다.

안전교육이론의 행동주의 학습이론

파블로프(Pavlov), 손다이크(Thorndike), 스키너(Skinner) 등에 의하여 정립된 이론으로 서 모든 행동을 자극(stimulus)과 반응(response)의 관계로 보며, 행동의 변화가 수반되었 을 때 학습이 발생한 것으로 간주한다. 이 이론은 학습과제의 세분화를 통하여 학습자의 학 습동기를 유발하고, 외형적으로 표현되는 행동을 계속 반복하여 연습할 것을 강조한다.

행동주의 학습이론(behavioral learning theories)의 기본 전제

① 인간의 학습과 동물의 학습 간에는 양적인 차이만 있을 뿐 질적인 차이는 없다.
② 학습은 환경으로부터 학습자에게 제공되는 '자극(Stimulus)'과 자극으로 인하여 하게 되는 행동, 즉 '반응(Response)'의 연합으로 인해 일어난다.
③ 특별한 종에 한정된 특정한 본능을 제외하고는 모든 동물에게는 타고난 행동 성향이 나 특성은 없다.
④ 관찰과 측정 그리고 비교가 가능한 외적 행동의 변화만을 연구대상으로 삼는다.
⑤ 학습이란 외적으로 보이는 행동의 변화만을 의미한다.

요점 14 파블로프(Pavlov)의 고전적 조건화 이론

　생리학자인 파블로프는 굶주린 개가 음식을 보면 침을 흘리는 현상을 관찰하고 이를 이용하여 학습에 대해 설명하려 하였다. 그는 먹이를 보면 침을 흘리는 굶주린 개에게 종소리를 울린 직후에 고기를 주었다. 이렇게 종소리를 울린 직후에 고기를 주는 시도를 반복한 결과, 그 개는 먹이를 주지 않고 종소리만을 울려도 침을 흘리게 되었다. 원래는 음식에만 침을 흘리는 반응을 보였으나 소리와 음식을 연합함으로써 소리에도 침을 흘리는 반응을 보이도록 조건화시킨 것이다.

　중성 자극이 무조건 자극과 결합하여 조건 자극이 되고, 무조건 반응이 그 조건 자극에 반응하여 조건 반응이 되는 이러한 일련의 과정을 '조건화'라 한다. 파블로프의 실험은 매우 체계적이고 계획적으로 자극과 반응을 연합하여, 다시 말하면 학습자의 외부 환경의 특성을 변화시켜 자극 상황으로 만들어 학습자로 하여금 그 자극 상황에 반응하도록 유도함으로써 학습을 발생시킬 수 있음을 보여주었다.

※ **고전적 조건 형성의 교육적 활용**

1. 체계적 둔감화

    울페(Wolpe)의 상호제지이론에서 발달한 상담기법으로서 불안이나 공포와 이를 제지할 수 있는 즐거운 행동을 조건화하고, 강도가 낮은 수준부터 높은 수준까지 점진적으로 접하게 하여 불안이나 공포에서 벗어나게 하는 방법이다.

2. 혐오 치료

    ① 어떤 행동을 제거하기 위해 그 행동을 할 때마다 혐오스러운 자극을 주는 것이다.

    ② 알코올 중독을 치료하기 위해서 술잔에 썩은 거미를 넣어두고, 금연을 위해 담배를 피울 때마다 구역질나는 주사를 맞도록 하거나 전기충격을 주는 방법 등이다.

3. 역조건화

    ① 이미 어떤 반응을 일으키고 있는 (무)조건 자극에 새로운 무조건 자극을 더 강하게 연합시킴으로써 이전 반응을 제거하고 새로운 반응을 조건 형성시키는 것이다.

    ② 즐거운 활동(먹기, 놀이 등)을 하는 동안 공포 반응을 야기하는 조건 자극을 제시하면 이 조건 자극은 공포 반응이 아닌 즐거운 활동과 조건화되어 공포 반응을 억제하게 되는데 이를 '역조건화'라고 한다.

요점 15 스키너(Skinner)의 조작적 조건화 이론

　스키너는 지렛대를 누르면 먹이가 제공되는 상자에 배고픈 쥐를 넣고 쥐가 어떻게 행동하는지 관찰하였다. 쥐는 처음에는 지렛대에 대해 반응을 하지 않았지만 우연히 지렛대를 눌렀을 때 먹이가 나오는 것을 발견하고는 계속해서 지렛대를 누르는 행동을 보였다. 이 실험에서 지렛대를 누르는 행동은 그 행동의 결과로 제공된 먹이에 의하여 학습된 것이다. 조작적 조건화는 이처럼 유기체가 먼저 어떤 행동을 하면 이를 강화하여 그러한 행동의 빈도가 높아지도록 하는 것이다.

　스키너의 이론은 '강화이론'이라고도 불린다. 왜냐하면 인간의 행동은 그 행동에 대한 보상이나 벌과 같은 강화물의 유무에 따라 발생 빈도가 증가 또는 감소한다고 설명하기 때문이다. 즉, 학습자의 특정 행동을 변화시키려 한다면 그가 어떠한 강화를 원하는지 사전에 파악하여 그가 특정 행동을 했을 때 사전에 준비된 강화를 제공함으로써 행동 변화를 유도할 수 있다는 것이다.

조작적(작동적) 조건형성이론의 활용

① 프로그램 학습

② 완전학습

③ 개별화 교수체제(PSI)

④ 컴퓨터 보조학습(CAI)

⑤ 수업목표의 명세적 진술

⑥ 목표지향 평가(형성평가)

⑦ 행동수정이론

학습 현장에서 발견되는 행동주의 학습이론의 보다 구체적인 시사점은 1. 행동목표의 제시, 2. 외재적 동기의 강화, 3. 수업의 계열화, 4. 수업의 평가로 살펴볼 수 있다.

1. 행동목표의 제시

학습자의 결과는 학습자의 최종 행동에 의해 결정되어야 하기 때문에 학습목표는 행동을 나타내는 동사를 사용하여 구체적이고 명세적으로 기술해야 한다. '~를 이해할 수 있다'와 같은 동사는 인간의 특정 행동을 적시하지 않기 때문에 어떤 행동이 학습자를 '이해하는' 행동인지 드러나지 않는다.

2. 외재적 동기의 강화

행동주의 학습이론은 행동 유발을 위한 외재적인 자극을 사용한다. 올바른 반응을 했을 때 칭찬, 상, 미소와 같은 긍정적인 결과를 주어야 하고, 잘못된 반응의 경우는 무시한다. 벌처럼 부정적 통제보다는 정적 강화를 사용하는 것이 더 효과적이다. 또한 반응의 초기에는 즉각적이며 지속적인 강화를 통해 그 반응이 지속되도록 하지만, 일단 그 반응이 지속적으로 보이면 강화는 간헐적으로 제시된다. 이처럼 원하는 학습결과를 얻기 위하여 학습자 외부에서 주어지는 보상을 계획하여 사용해야 한다.

3. 수업의 계열화

수업내용은 쉬운 것에서부터 어려운 것으로 점진적으로 제시해야 한다. 또한 복잡하고 어려운 문제는 단순한 것으로 세분화하여 제시함으로써 세분화된 것을 성취하면 자동적으로 원해의 복잡하고 어려운 문제를 해결한 것처럼 만들어야 한다. 많은 교수설계의 이론들에서 수업내용을 작은 단위로 세분화하고 이를 계열화하는 것은 행동주의의 영향을 받은 것이다.

4. 수업의 평가

수업목표로서 진술된 행동목표 속의 행동은 평가되어야 하며, 그 결과에 따라 피드백이 제공된다. 목표가 행동으로 진술되어 있기 때문에 관찰은 물론이고 정확한 평가가 가능하다. 평가결과는 원하는 행동을 보일 때까지 지속적인 피드백으로 연결되어야 한다.

행동주의 안전교육

교육 종류	내용
지식(이해)	사고발생 원인 및 위험 이해
기능(숙달)	실험·실습·체험을 통한 안전행동 학습
태도(행동)	안전수칙 준수, 타인 배려
반복(순환)	지식·기능·태도 반복

인지주의 학습이론

1. 행동주의 학습이론에 저항하여 생겨난 인간학습이론

인지주의 학습이론에서는 학습자의 행동보다 그 행동을 일으키는 정신활동, 즉 인지활동에 관심을 두고 있다. 여기서 '인지'란 어떤 대상을 느낌으로 알거나 이를 분별하고 판단하는 의식적 작용이다. 지각·재인(再認)·상상·추론 등을 포함하여 지식을 구성하는 모든 의식적 과정을 포함한다.

따라서 인지주의 입장에서의 학습은 '내적 사고 과정의 변화', 즉 이해를 통해 학습자의 인지구조가 변화하는 것이다(여기에서의 내적 사고 과정은 정보를 기억하고 조작하는 과정으로서 지식의 습득 과정을 말한다). 즉, 학습자가 따로 떨어진 정보를 서로 연결시켜 자신의 인지구조 속에서 그 관계를 파악했을 때 학습내용의 이해가 일어난다고 본다. 인지주의는 이렇게 인간이 지식을 어떻게 습득하고 이해하며 이를 어떻게 문제해결의 과정에 적용하는지에 관심이 있다.

2. 인지주의 학습이론의 기본 가정

① 학습이란 정보를 기억하고 조작하는 과정이므로 심리학적 탐구는 인간의 내적·정신적 과정을 주된 과정으로 해야 한다.

② 인간은 외부의 자극에 대해 기계적으로 반응하는 것이 아니라 그 자극을 능동적으로 지각하고 해석하고 재구성하는 주체적인 존재로 생각한다.

③ 학습이란 요소들 간의 관계를 파악하는 것이다.

④ 인간은 개인의 경험이나 흥미가 사물의 지각 방식에 영향을 미치므로 각기 다르게 사물을 지각한다.

요점 18 쾰러(Kohler)의 통찰이론

쾰러, 코프카, 리윈 등에 의해 구체화되고 발전되어왔으며, 특히 쾰러는 통찰이론을 제시했다.

1. 탐색적 과정을 통해 이루어진 쾰러의 통찰이론

쾰러는 침팬지가 있는 방 안에 몇 개의 상자를 넣어주고 팔이 닿지 않는 높이의 천장에 달린 바나나를 어떻게 따먹는가를 관찰하면서 침팬지의 사고에 관한 연구를 했다. 침팬지는 바나나를 먹기 위해 손을 뻗거나 발돋움을 하거나 뛰어오르는 행동을 하였다. 이러한 시도가 실패하자 침팬지는 주변을 주의 깊게 살폈으며, 막대기를 이용하거나 상자를 발판으로 삼아 결국 바나나를 땄다. 여기서 쾰러는 침팬지가 목적물인 바나나와 도구와의 관계를 발견한 것을 '통찰'이라고 보았다(여기서 '통찰'이란 탐색적 과정을 통해 이루어지는 것으로 우연한 시행착오와는 대비된다).

그리고 그는 사고나 문제해결 등이 어떻게 이루어지는지를 분석한 결과, 문제해결의 성공은 지각으로부터 일차적으로 전체 과정을 체계화하는 것이라는 체제화의 법칙과 그에 종속된 법칙으로서 유동(類同), 근접, 폐쇄 및 연속의 법칙을 제시하였다.

2. 쾰러의 침팬지 대상 실험의 결론

① 문제해결은 단순한 과거 경험의 집적이 아니고 경험적 사실을 재구성하는 구조 변화의 과정이다.

② 통찰력은 탐색적 과정을 통해서 이루어지는데, 그 탐색은 단순한 우연만을 위주로 하는 시행착오와는 다르다.

③ 통찰은 실험 장면에 의해 좌우되는데, 장면 전체가 잘 내다보이면 그 해결이 용이하다.

④ 통찰에 의한 학습은 종류에 따라 차이가 있으며, 개체에 따라서도 차이가 있다.

피아제(Piaget)의 인지구조화 이론(인지발달단계)

인지발달이란 인지구조의 계속적인 변화 과정이다. 새로운 스키마는 기존의 스키마를 바꾸어놓은 것이 아니라 이전의 스키마와 새로운 스키마가 결합하여 예전의 스키마에 변화를 가져오는 것이다.

피아제의 인지발달은 4단계로 구분되는데 이 발달단계는 발달 과정의 흐름에 있어서 순서는 결코 변하지 않는다. 각 발달단계는 감각운동기, 전조작기, 구체적 조작기, 형식적 조작기 등으로 분류된다. 각 단계의 행동이 나타나는 순서는 고정적이며 경험이나 유전에 관계없이 일정하지만, 단계가 나타내는 연령은 개인적인 경험과 유전에 따라 서로 다르다.

각 단계의 특징을 정리하면 다음 표와 같다. 피아제는 인간이 지식을 습득하는 단계를 제시하고 있으며, 지식의 유형별로 습득 과정이 다름을 밝힘으로써 교구재 개발을 위한 방향을 시사하고 있다.

※ **피아제**

스위스의 심리학자, 논리학자, 제네바 대학 교수. 그는 지적 활동에 대한 심리학적 이론에 많은 공헌을 하였다. 아동심리에 대해서 특히 깊은 조예를 갖고 있다. 그의 심리학적 – 논리학적 구상은 발생적·역사적·비판적으로 지식을 분석하는 것이며, 그에 따라 주관이 대상에 대해서 갖는 지식의 발전은 그 지식을 단단하고 확고하게 하여 일정한 불변적인 것이 되어간다. 그는 이런 과정은 지식이 대상 및 대상의 여러 성질을 반영하기 때문이라고 생각했다.

피아제의 인지발달 4단계

발달단계	연령	특징	교구재에 대한 시사점
감각 운동기	0~2세	① 감각운동에 의한 학습 ② 어떤 물체를 다른 각도에서 보아도 동일하다는 것을 인식(사물의 실재성) ③ 의도적인 반복행동	감각적 경험과 행위의 대상물이 필요함
전조작기	2~7세	① 지각과 표상 등의 직접경험과 체험적인 활동 ② 사물을 직관적으로 분류 ③ 언어의 발달 ④ 자기중심적 사고와 언어태도(다른 사람의 생각과 견해를 고려할 줄 모름) ⑤ 비가역성(다른 모양의 접시에 같은 양의 물이 들어 있어도 다른 양의 물이 있다고 생각하는 등 가역적 사고를 하지 못하는 것을 말함)	감각적 경험과 행위 항존성, 상징화, 직관을 적용할 대상물이 필요함
구체적 조작기	7~11세	① 논리적 사고(유목, 계열성, 수를 다루는 능력을 갖게 됨) ② 가역성의 발달 ③ 언어의 복잡화(아동이 관찰한 실제 사실에 한정하여 논리적 사고력이 발달함) ④ 사고의 사회화(다른 사람에 대한 생각도 할 수 있게 됨)	관찰, 관계성, 가역성을 적용할 대상물이 필요함
형식적 조작기	11~15세 (청소년기에 해당)	① 추상적 개념의 이해(논리적으로 생각하며 이론을 구성하고, 그것에 대해 경험하지 않아도 논리적 결론을 이끌어낼 수 있음) ② 문제해결에 있어 형식적 조작이 가능 ③ 사물의 인과관계 터득 ④ 문제해결에 가설 적용, 가설 검증, 추리력·응용력 발달	추상적 문제를 다룰 수 있음

요점 20 인지주의 학습이론의 교수설계에서의 시사점

1. 사고 과정과 탐구 기능의 교육을 강조

① 학습자 내부에서 일어나는 인지 과정에 관심을 두는 인지이론에 의하면 교수설계는 학습자의 내적 인지 과정을 촉진할 수 있도록 설계되어야 한다.

② 인지이론에 따른 교수방법은 단순히 일방적으로 정보를 제시하는 방법보다는 발견식, 탐구식, 문제 중심의 교수방법이 강조된다.

2. 정보처리 전략의 활용

① 내적 인지 과정을 정보처리 과정으로 보는 인지이론은 학습자 스스로가 정보를 처리할 수 있도록 인지 전략을 가르쳐주거나 그것을 개발할 수 있는 교수방법을 중요시한다.

② 정보재생을 용이하게 하기 위해서는 기억술, 비유 및 주요 용어의 활용, 시각 이미지 도입 등을 사용하여 정보의 기억 자체가 유의미한 형태로 이루어질 수 있도록 도와야 한다.

3. 내재적 학습동기의 강조

① 인지이론에서는 내재적 동기를 강조한다.

② 유의미한 학습을 위해서는 학습자가 학습내용 자체에 갖는 흥미, 학습내용과 학습자의 필요와의 부합, 학습자의 자발적 의지 등이 중요한 요인임을 내세운다.

4. 수업평가

① 인지이론은 수업의 과정적 측면과 학습자의 인지활동, 사고의 측면을 강조하여 평가 대상도 행동의 결과가 아닌 인지 과정에 관심을 둔다.

② 평가는 구체적인 정보나 지식을 얼마나 보유하고 있느냐 하는 기억력이 아니라 문제를 탐구하고 발견하는 능력이 중점이 되어야 한다고 주장한다.

행동주의와 인지주의의 차이

구분	행동주의	인지주의
인간관	인간은 자극에 반응하는 수동적인 존재이다.	인간은 새로운 통찰을 얻기 위해 기존의 정보를 재조직하는 능동적인 존재이다.
학습관	자극과 반응의 결합으로 새로운 행동 그 자체가 학습된다.	지식이 학습되고, 지식의 변화가 행동의 변화를 가능하게 한다.
주된 관심	모두에게 적용될 수 있는 보편적인 법칙을 찾고자 한다.	인간이 어떻게 정보를 기억하고 이해하고 활용하며, 왜 차이가 나는지에 관심을 둔다.
강화의 역할	연합을 강화시키는 학습의 필요조건(행동주의에서 학습을 위해서 강화는 꼭 필요한 조건이 된다)	강화는 행동이 반복되면 어떤 일이 일어나게 될 것인가에 대한 정보를 제공해준다.

※ **행동주의**

19세기 후반 인간의 정신현상인 의식을 연구하는 인간심리학에 대한 대안적인 패러다임으로 20세기 전반에 대두되었다. 인간심리학은 '관찰할 수 있는 인간의 행동을 주제로 해야 한다'고 주장한다.

대표학자　손다이크(Thorndike) – 연합주의
　　　　　　파블로프(Pavlov) – 고전적 조건 형성
　　　　　　스키너(Skinner) – 작동적(조작적) 조건 형성

※ **인지주의**

행동주의가 주장하는 '자극 – 반응 – 강화'의 학습원리가 언어 습득과 같은 복잡한 지적 행동을 적절히 설명하고 있지 못하다는 비판과 함께 1950년대 후반에 등장했다. 인간의 복잡한 정신적 과정에 의해 행동을 설명하려는 시도는 정보처리 과정의 개념을 통해 연구되었다.

단기기억과 장기기억으로 구성된 지능 모형을 구축하고 학습이 일어나는 과정을 설명하고자 한다.

학습자들은 프로그램화된(행동주의) 정형적인 자료에 전적으로 의존하는 것이 아니라, 자신의 정보 수용과 기억에 관한 인지 전략에 보다 의존하게 된다는 것이다.

대표학자　브루너(Bruner) – 발견학습
　　　　　　피아제(Piaget) – 인지발달이론
　　　　　　페퍼트(Papert) – LOGO를 개발하여 발견학습을 통해 문제해결능력 함양을 시도

교수·학습 모형

1. 탐구 중심 수업모형

교육자로 하여금 질문을 제기하거나 질문에 대한 해답을 찾아내는 데 필요한 지적 능력과 지적 기능을 개발시켜줄 수 있도록 학생들을 도와줌으로써 학생들의 인과적 추론 능력을 신장시켜주려는 목적을 가진 교수·학습 모형

2. 체험 중심 수업모형

말 그대로 교실을 벗어나 실제의 상황이나 실물을 접하여 참여하고 느끼고 조작해봄으로써 스스로 사고하고 판단하여 주체적이고 종합적인 문제해결능력을 기르는 수업모형이다. 먼저 체험학습의 개념적 어원을 고찰해보면 '체험'이란 경험, 즉 실제로 해보는 활동으로 해석되며, 이때 '경험'이란 '해본다', '겪는다' 등의 행위 과정과 그 결과를 가리키는 말로 이해된다. 즉, 인간의 감각기관인 오감을 통해 외부의 자극을 정보로 받아들이는 과정을 말한다. 따라서 체험 중심 수업모형은 우리가 행위 과정에서 오감을 통하여 직접 경험하고 체험함으로써 지식과 정보를 습득하게 하는 수업모형이라고 할 수 있다.

3. 직접교수 중심 수업모형

이 모형의 목적은 학생이 연습 과제와 기능 연습에 높은 비율로 참여하도록 하기 위해 수업시간과 자원을 가장 효율적으로 이용하는 데 있다. 이 모형의 핵심은 학생이 교사의 관리하에 가능한 한 많이 연습하고, 교사는 학생이 연습하는 것을 관찰하고 학생에게 높은 비율의 긍정적이고 교정적인 피드백을 제공하는 것이다.

교수·학습 모형의 종류

수업모형	종류
탐구 중심 수업모형	토의학습 수업모형, 조사·발표 중심 수업모형, 관찰학습 수업모형, 문제해결 수업모형, 집단탐구 수업모형
체험 중심 수업모형	역할놀이 수업모형, 실습·실연 수업모형, 놀이 중심 수업모형, 경험학습 수업모형, 모의훈련 수업모형, 현장견학 중심 수업모형, 가정연계학습 수업모형, 표현활동 중심 수업모형
직접교수 중심 수업모형	설명(강의) 중심 수업모형, 모델링 중심 수업모형, 내러티브 중심 수업모형

체험(경험)학습과 설명(강의) 중심 수업모형의 차이

	체험(경험)학습 수업모형	설명(강의) 중심 수업모형
장점	• 학습자의 능동적 참여가 가능하다. • 학생의 필요와 흥미에 알맞다. • 이론보다 생생한 현장체험을 할 수 있다. • 능동적인 학습태도와 주의력이 요구된다. • 체험을 통해 몸으로 익힐 수 있다. • 체험을 통해 문제해결능력을 기를 수 있다. • 구체적이고 실제적인 교육훈련이 가능하다.	• 시간절약이 가능하다. • 경제적이다. • 요점 반복이 용이하다. • 학습집단의 크기를 융통성 있게 조절할 수 있다. • 교육 준비가 비교적 쉽다. • 학습자에게 기회의 균등성과 일관성을 준다. • 학습자에게 기초적인 지식과 정보 제공이 용이하며, 상이한 경험 및 배경을 가진 학습자에게 모든 사실에 관한 공통적 이해를 증진시킬 수 있다.
단점	• 체험이나 경험에 시간이 많이 소요된다. • 교육 준비가 비교적 어렵다. • 체험(경험)인원이 제한된다. • 체험시설과 설비에 비용이 많이 든다. • 체험방식과 방법에 따라 학습자의 이해도가 달라질 수 있다. • 체계적인 지식과 기능에 상대적으로 소홀하기 쉽다.	• 일방적인 의사소통이 되기 쉽다. • 학습자의 참여가 비교적 적다. • 학습자들이 지루하고 주의력이 결여되기 쉽다. • 수업시간 중에 기억할 수 있는 비율이 낮아서 내용의 암기보다 필기에 그치는 경우가 있다. • 교수자의 능력에 따라 효과에 큰 차이가 나며 권위적이기 쉽다. • 문제해결능력을 기르기 어렵다.

1. 호반은 교육이 학습 경험을 시각화할 필요가 있음을 역설했다.

2. 학습지도는 구체성이 많은 내용부터 점차적으로 추상적인 것으로 옮겨가야 한다.

3. 구체에서 추상으로 옮겨가는 데 있어서 그 계열로 다음의 다섯 가지를 제시했다.
    ① 현장학습 : 현장관찰
    ② 박물관 자료 : 실물, 표본, 모형
    ③ 영화 : 상황 감상
    ④ 사진 : 정물사진(2차원적인 것)
    ⑤ 도표 : 그래프, 도형, 지도 등

4. 구체성과 추상성의 단계를 8단계로 구분해 체계화하였다.

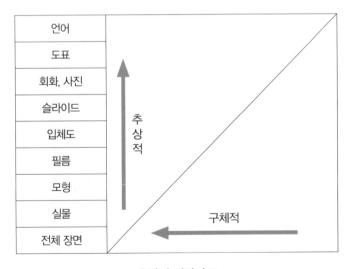

호반의 시각자료

데일(E. Dale)의 경험원추이론

1. 의의

① 호반의 이론을 포괄적으로 분류하여 시청각 이론을 체계화했다.

② 진보주의의 경험 중심 교육과정과 같은 직접경험을 강조하는 실용주의 입장이다.

③ 우주를 교실 안으로 끌어들일 수 있다는 간접경험을 의미한다.

④ 기존의 읽기에 의존하지 않고 경험에 의한 의미 전달을 강조한다.

2. 내용 분류 : 직접경험을 밑면으로 해서 상위로 올라갈수록 추상성이 강하다.

① 상징적 경험은 언어기호, 시각기호 등 추상성에 의한 상징적 표현양식이다

② 시청각 경험은 녹음, 라디오, 사진/ 영화, 텔레비전의 영상적 표현/ 전시, 견학, 시범 등 관찰적 경험의 표현양식이다.

③ 직접경험으로는 극화된 경험, 구성된 경험, 직접 또는 목적적 경험이 있다.

3. 장단점

① 장점

- 직접경험을 강조한 하위 단계일수록 기억이 잘되어 학습효과가 크다.

- 상위 단계로 올라갈수록 학습시간은 절약된다.

- 각 수업의 성격에 맞는 단계별 매체를 사용할 때 효과적인 수업목표 달성이 가능하다.

② 단점

- 직접경험을 지나치게 강조하여 교육적 기능을 약화시켰다.

- 매체에 따라 학습자에게 주는 의미는 다를 수 있는데 이를 무시한 교사 중심적 분류방식이다.

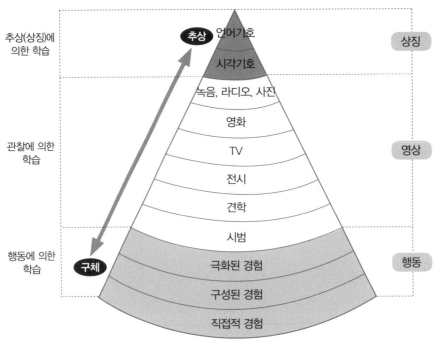

추상(상징)에
의한 학습

관찰에 의한
학습

행동에 의한
학습

추상 언어기호

시각기호

녹음, 라디오, 사진

영화

TV

전시

견학

시범

극화된 경험

구성된 경험

직접적 경험

구체

상징

영상

행동

데일의 경험원추론

※ 경험원추이론

① 직접적·목적적 경험 : 구체적이고 직접적이며 감각적인 경험으로 생활의 실제 경험을 통해 의미
　있는 정보와 개념을 축적한다.

② 구성된 경험 : 실물의 복잡성을 단순화시켜 기본적인 요소만을 제시한다.

③ 극화된 경험 : 연극을 보거나 출연함으로써 직접 접할 수 없는 사건이나 개념을 경험하도록 한다.

④ 시범 : 사실, 생각, 과정의 시각적 설명으로 사진, 그림 또는 실제 시범을 통해 배울 수 있도록 한다.

⑤ 견학 : 일이 실제 일어나는 곳이나 현장을 직접 가서 보고 경험하도록 한다.

⑥ 전시 : 사진, 그림, 책 등의 전시를 통하여 학습자가 관찰하며 배울 수 있도록 한다.

⑦ TV : 현재 진행되고 있는 사건이나 일어나는 현상을 담아서 제공. 중요한 요점들만 편집, 수록할
　수 있는 동시성이 있으며 직접경험의 감각을 제공할 수 있다는 특징이 있다.

⑧ 영화 : 보고 듣는 경험을 제공. 경험하지 않은 사건을 상상으로 간접경험하며 현실감을 느끼게 한다.

⑨ 녹음, 라디오, 사진 : 간접적이긴 하나 동기를 유발하는 데 효과적이다.

⑩ 시각기호 : 추상적인 표현을 다루며 칠판, 지도, 도표, 차트 등을 이용해 실제 물체를 나타내기도
　하고, 시각적 기호로 표현하기도 한다.

⑪ 언어기호 : 언어기호(문자, 음향, 기호)는 사물이나 내용이 의미하는 것과 시각적으로 연관을 갖지
　못하는 것으로 시각기호의 의미를 이해하고 있어야 사용할 수 있다.

요점 27 올슨(Olsen)의 효율적인 학습이론

올슨은 학습 경험이 직접적인 것인지 간접적인 것인지 또는 현실 자체인지 시청각 자료인지에 따라 학습 경험의 세 측면을 강조하였으며, 이를 4단계의 학습 유형으로 구분하였다.

제1형 : 직접적 경험에 의한 직접 학습

인간의 감각기관을 통하여 직접적으로 받아들이는 학습이다.

제2형 : 대리적 경험에 의한 대리 학습

직접경험과 언어적 대리 경험의 양극 사이를 연결해주는 중간 역할로 시청각 교육의 영역이다.

제3형 : 상징적 경험(언어적 상징)에 의한 대리 학습

언어를 통한 학습이며 모든 지식의 기반을 구축해놓은 학습이다.

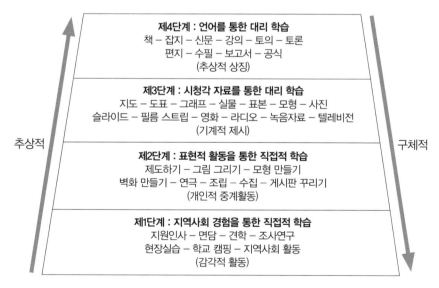

올슨의 학습 경험의 세 측면(학습 유형 4단계)

올슨의 분류표가 시사하는 바는 교구재 개발 및 적용 시에 구체적인 교구재에서 점차 추상적인 교구재를 사용하면서 학습효과를 증진시킬 수 있다는 점이다. 물론 이것은 일반적인 원리이고 교육내용의 특성에 따라 가장 적절한 방식을 선정해야 한다는 점을 잊지 않아야 한다.

요점 28 | 브루너(Bruner)의 발견학습이론

브루너는 피아제의 인지발달이론과 관련하여 어린이는 각 발달단계에 적합한 인지구조가 있음에 기초하여 3단계의 표상 양식, 즉 행동적 표상, 영상적 표상, 상징적 표상을 제안하였다. 이는 데일이 경험의 원추에서 학습 경험을 행동적 경험, 시청각적 경험, 상징적 경험으로 구분한 것과 유사하다.

1. 행동적 표상(enactive representation) : 학령 전기 아동들은 적절한 행동이나 동작을 통해 이전의 사건을 재현하거나 정보를 처리한다.

2. 영상적 표상(iconic representation) : 초등학교 입학 전후의 정보재현 형태로서 어린이들은 사태를 지각과 영상에 의해 요약하거나 공간·시간상의 구조와 이들의 변형된 이미지 등에 의해 요약하게 된다.

3. 상징적 표상(symbolic representation) : 10세 이상 초등학교 상급반의 어린이가 지니는 정보처리 세계로서 언어와 같은 상징적 요소를 통해 자신의 경험을 표현할 수 있으며, 단어의 조합 등을 통해 영상이나 행동으로 표현할 수 있다.

요점 29 교수설계 ADDIE 모형(체제적 교수설계의 기본 모형)

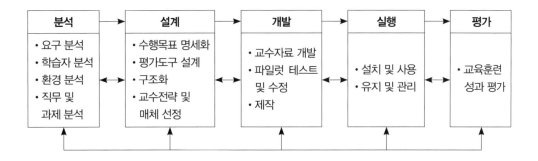

1. 분석(Analysis) : 무엇이 학습될 것인지 결정하는 과정

① 요구 분석 : 수업설계를 할 필요가 있는지 필요성 분석, 학습자의 현재 수준(학습자 분석)과 요구 수준(직무 분석)의 차이가 있으면 필요

② 학습자 분석 : 선수지식 정도, 동기·흥미 유발 정도, 학습자 경험, 학습자들이 선호하는 교육방법, 학습자의 관심분야

③ 환경 분석 : 교육이 이루어질 환경(도와줄 자원이 있는지)

④ 직무 분석 : 학습자가 나중에 어떤 직업을 가질 것인가, 그 업무가 요구하는 능력, 미래 예측 직무, 현재 요구 직무(수업목표 도출)

2. 설계(Design) : 학습이 어떤 방법으로 수행될 것인가를 결정하는 과정

① 수업목표 명세화(요구 수준이 수업목표), 명료·세밀하게 진술(수업내용, 학습자가 보여야 할 행동 - 학습자 행동, 종착점, 상황 조건, 수락 준거, 행동적 용어로 진술)
  예) 실물 화상기의 개념을 15자 이내로 쓸 수 있다.
  　　실물 화상기의 기능을 세 가지 이상 쓸 수 있다.

② 평가도구의 개발 : 목표 - 평가는 반드시 대응관계, 목표에 있는 내용만 평가

③ 수업내용 계열화(조직) : 순서를 결정(어려운 것 → 쉬운 것, 선형적/나선형/그물망, 전체 → 부분 등), 내용/시간 세분화, 목적 달성을 위한 내용

④ 전략(방법) & 매체 선정 : 학습자가 선호하는 방법, 수업내용 및 환경에 가장 적합한 매체

- 협의의 교수매체 : 시청각 기재와 교재
- 광의의 교수매체 : 교수목표를 달성하기 위하여 학습자와 교수자 간에 사용되는 모든 수단, 시청각 기재, 교재, 인적자원, 지도 내용, 학습환경, 시설 등 포함

3. 개발(Development) : 분석과 설계 단계에서 결정된 교수목표를 성취하기 위한 학습자료를 제작해내는 과정

① 수업자료 개발 : 해당 학교에서 쓰기 위한 교육과정, 지역에서 쓰기 위한 교육과정, 수업내용을 매체에 담는 것(완성본이 아니라 샘플용, 시험 적용본)

② 형성평가 및 수정 : 예비 적용, 보완

예) 교과서 개발 → 일부분 적용 → 문제점 해결 → 출판(전체 적용)

4. 실행(Implementation) : 지금까지 만들어진 자료를 실제 학습환경에 적용하는 과정

① 설치 및 사용 : 수업 현장에 설치, 교사가 사용

② 유지 및 관리

5. 평가(Evaluation) : 총괄 평가, 교육훈련 성과 평가, 프로그램의 타당성을 결정하는 과정

① 학습자 평가 : 수업목표에 도달했는지, 평가도구 이용

② 프로그램 평가 : 개발한 교육 프로그램이 어떤지, 원인 분석

예) 학습자 전원이 목표를 달성했다면? → 훌륭한 프로그램?/수업내용? 학습량 적정?/수업목표가 낮았는지?

가네-브릭스(Gagén-Briggs)의 포괄적 교수설계이론

학습단계 (내적 과정)	교수사태 (수업 절차)	교수사태의 내용
주의력/ 경각심	[1단계] 주의 획득	• 모든 교수학습의 시작은 학습자의 주의를 획득하여 수업이 원만하게 이루어지도록 하는 일
기대	[2단계] 학습자에게 목표 제시	• 학습자가 자신이 학습한 내용을 확인할 수 있으며, 학습자가 지니고 있는 수업에 대한 기대에 부응
작용기억으로 재생	[3단계] 선수학습능력의 재생 자극	• 본 학습에 필요한 선수학습능력은 새로운 학습을 실시하기 전에 재생 • 선수학습능력의 재생은 교수자가 학습자에게 사전에 학습한 내용을 상기
선택적 지각	[4단계] 자극자료 제시	• 수업에서 다룰 내용의 범위는 교수목표의 범위만큼이나 다양
부호화	[5단계] 학습안내 제공	• 학습자가 목표에 명세화된 특정 능력을 보다 용이하게 습득할 수 있도록 돕기 위한 것
반응	[6단계] 수행 유도	• 학습자가 특정 능력을 습득했는지 확인하기 위해서는 학습자에게 관련 행동을 수행하도록 요구하는 것이 필요 • 교수자는 학습자의 반응을 유도하기 위한 질문을 하거나 행동을 지시
강화	[7단계] 수행의 정확성에 관한 피드백 제공	• 가장 효과적인 피드백은 정보적(informative) 피드백 • 반응에 대한 정오 판단에 그치는 피드백보다는 오답인 경우 이를 수정할 수 있는 보충설명을 해주는 피드백이 효과적
	[8단계] 수행의 평가	• 학습자가 설정한 학습목표를 달성했는지의 여부를 확인하는 것과 의도한 것을 일관성 있게 수행하는지의 여부를 확인
재생을 위한 단서 제공 일반화	[9단계] 파지 및 전이의 향상	• 교수활동은 수행평가로 끝나서는 안 되며, 학습한 것의 파지와 전이를 일부분으로 포함하여야 함 • 지적기능학습의 파지와 전이를 위해서는 일정한 간격으로 복습을 하게 하는 것이 효과적 • 언어정보학습의 파지와 전이를 위해서는 선행되어 학습한 언어정보들과 연관시켜주는 것이 바람직

켈러(Keller)의 동기설계이론의 개념

1. 동기 : 유기체 내에서 목표를 추구하는 행동을 하게 하는 상태나 태세

2. 동기 유발 : 행동의 근원이 되는 힘의 동기, 개체가 동기를 가지고 목표지향적 행동을 일으키는 과정

3. 학습에서의 동기 유발 : 학습자에게 학습하고자 하는 경향이 생기게 하고, 유목적적 · 적극적 학습활동을 하게 하는 것

켈러의 동기설계이론의 구분

구분	내적동기	외적동기
형태	자연발생적	인위적 발생
목적	때문에(REASON : 이유)	위하여(CAUSE : 원인)
방법	능동	수동
주체	자신	타인
지속	장기적	단기적
육성방법	호기심, 즐거움, 보람, 기쁨, 성취동기, 동일시	칭찬, 상벌, 보상, 강화

요점 32 동기 유발의 기능 : 활성적·지향적·조절적·강화적 기능

1. **활성적 기능 :** 동기는 행동을 유발시키고 지속시켜주며, 유발시킨 행동을 성공적으로 추진하는 힘을 준다.

2. **지향적 기능 :** 동기에 따라 행동의 방향이 결정된다.

3. **조절적 기능 :** 목표행동에 도달하기 위해 필요한 다양한 동작이 선택되고 이를 수행하는 과정을 겪는다.

4. **강화적 기능 :** 행동의 결과로 어떠한 보상이 주어지느냐에 따라 동기 유발 수준이 달라진다.

※ 동기 부여 : 기대이론
① 개인의 노력 또는 동기는 세가지 요인에 의해 결정됨
  • 기대(expectancy) : 자신이 노력하면 어떤 성과가 따라올 것인지에 대한 주관적 믿음
  • 도구성(instrumentality) : 성과 달성이 다른 긍정적 성과(보상 등)를 가져올 것인지에 대한 믿음
  • 유인가(valence) : 주어지는 긍정적 성과가 얼마나 자신이 원하는 것인지의 정도
② 자신이 안전행동을 하면 부상이 줄어들 수 있음을 인식하도록 만듦 → 다양한 교육과 훈련을 통해 관련 자료를 보여줌
③ 현장에서 안전행동을 저해하는 요인을 해결해줌
④ 안전행동에 대한 긍정적인 보상(칭찬, 표창 등) 제공

켈러의 동기설계이론은 ARCS 모델로 불린다. 즉, ARCS 모델은 학습자에게 학습동기를 유발시킬 수 있는 학습환경을 설계하는 방법으로, 수업 진행 시 학습자에게 주의집중, 관련성, 자신감, 만족감을 줄 수 있는 요소와 전략들을 제시한다.

※ 켈러는 개인의 동기를 설명하기 위해 네 가지 개념적 요소로 구성된 ARCS 이론 개발

① 주의집중 : 학습동기가 유발·유지되는 필수조건 – 호기심, 주의환기, 감각추구 등과 연관

② 관련성 : 학습활동이 학습자의 다양한 흥미에 부합되면서 의미 있고 가치 있는 것

③ 자신감 : 적정 수준의 도전과 노력에 따라 성공할 수 있다는 신념 – 개인적 학습조절전략, 학습통제전략 적용

④ 만족감 : 학습자의 노력과 결과가 일치하는 정도 – 피드백 제공, 과제의 내재적 보상 제공

동기설계이론에서의 주의집중(Attention)

주의집중은 학습자의 흥미를 유도하고 학습에 대한 호기심을 유발하기 위해 학습경험에 대한 자극과 재미적 요소를 고려한다. 즉, 학습자가 수업 중에 지속적으로 주의를 집중할 수 있도록 적절한 변화를 주어 흥미를 유발함으로써 탐구하는 학습자세와 이를 통해 주의집중을 유지할 수 있도록 하는 전략을 세운다.

예를 들면, 학습자의 정서적·개인적 정보를 활용하거나, 학습자에게 질문을 던져 지적 도전정신을 유발하는 것, 그래픽이나 영상자료 등을 이용하여 학습자의 주의집중을 유도하는 것 등이다.

켈러가 제시한 주의집중을 위한 구체적인 전략 세 가지

① 지각적 주의집중전략(학습자 관심)

② 탐구적 주의집중전략(학습자 호기심)

③ 변화성의 전략(주의집중 유지)

요점 35 동기설계이론에서의 관련성(Relevance)

　관련성은 학습자의 학습에 대한 필요와 학습경험에 대한 가치를 학습자 입장에서 최대한 높여주는 것으로, 학습자의 필요에 맞게 학습내용과 방법, 활동을 설계하도록 하는 것이다. 즉, 관련성은 '학습자에게 얼마나 가치 있는 학습인가'라는 질문을 던짐으로써 주의집중 후 학습자와 관련 있는 학습내용 구성을 통해 학습자가 학습활동과 개인의 관심사항 간의 관련성을 발견할 수 있도록 해준다. 따라서 학습자의 참여 동기를 증가시키기 위해서는 학습 전개 시 학습자와의 관련성이 강조되어야 한다. 예를 들면, 학습자 개인이 관심을 가질 만한 실제 사례를 제공하고 많은 대화 채널을 활용한다.

켈러가 제시한 관련성을 위한 구체적인 전략 세 가지

① 목적지향성의 전략

② 필요 또는 동기와의 부합성 강조의 전략

③ 친밀성의 전략(학습경험과 관련)

요점 36 동기설계이론에서의 자신감(Confidence)

자신감은 학습자 자신이 학습에 대해 자신감을 가지고 적극적으로 학습 진행을 통제함으로써 학습과정을 성공적으로 이끌어내기 위한 것이다. 자신감은 내적보상과 외적보상을 통해 강화되어질 수 있으며 이를 위해서는 지속적인 학습동기 유발이 요구된다. 따라서 교수자는 학습자가 성공에 대한 기대감을 가지고 학습에 적극적으로 참여하도록 한다.

예를 들면, 학습목표를 제시하고 학습자의 능력과 노력, 과제의 난이도에 따라 학습자가 자신감을 조절할 수 있도록 전략을 세운다. 자신감을 높이기 위해서는 자주 학습내용을 요약, 검토하고, 다양한 상호작용이 가능하도록 학습자들에게 많은 기회를 제공한다.

켈러가 제시한 자신감을 위한 구체적인 전략 세 가지
① 학습의 필요요건 제시 전략
② 성공의 기회 제시 전략
③ 개인적 통제 증대 전략(능력과 노력에 따라 결과가 달라짐을 인식)

만족감은 학습자들이 그들의 학습경험에 만족하고 계속적으로 학습하려는 욕구를 가지도록 하기 위한 것이다. 동기의 요소로 만족감이 강조되는 이유는 학습자의 노력에 대한 결과가 그의 기대와 일치하고 학습자가 그 결과에 대하여 만족하면 학습동기는 계속 유지될 수 있기 때문이다.

켈러가 제시한 만족감을 위한 구체적인 전략 세 가지

① 자연적 결과(내재적 강화) 전략

② 긍정적 결과(외재적 보상) 전략

③ 공정성 강조 전략

요점 38 **안전교육의 유형**

안전교육은 지식교육, 기능교육, 태도교육, 반복교육으로 구분하며, 두 개 이상의 유형이 함께 연계되어 이루어지는 것은 복합유형이라고 한다.

1. 지식(이론)교육

① 기대효과

- 연구·노력하는 분위기의 활성화를 통해 교육 담당자의 능력을 배양한다.
- 체계적, 반복적 지식교육을 통해 안전의식을 체질화한다.

② 교육시설과 장비

- 방송시설(음향, 영상), 유·무선 마이크, 앰프, 스피커 등
- 빔 프로젝터(Beam Projector), OHP 기기
- 대형 스크린 및 TV, 모니터
- 노트북, 디지털카메라, 비디오카메라 등

③ 교육시설에 따른 적용 가능 교육

야외 체험 행사를 제외한 모든 교육에 활용 가능

구분	준비자료	교육인원	특이사항
방송시설	노트북, CD	제한 없음	
영상장비 (노트북, 프로젝터 등)	PPT, CD 등	100명 이내	

2. 기능(숙달)교육

① 기대효과

- 안전교육의 이론적인 틀을 벗어나 체험 위주의 살아 있는 교육을 실시할 수 있다.
- 가상 재난체험을 통해 유사시 재난대처능력 강화와 안전의식을 고취할 수 있다.

② 체험시설 : 검정기준이 없는 체험장비로 모형, 시뮬레이션 등

- 각종 체험도구(실물, 표본, 모형, 사진, 도표, 도형, 지도)
- 구연동화, 소방동요, 영화, 연극(상황 감상)
- 소방장비(각종 차량, 복장, 소화기 등)
- 현장학습(안전체험관, 이동안전체험차량)

③ 체험시설을 활용한 적용 가능 교육

- 소방관서 방문 체험학습
- 직장 및 학교 등 찾아가는 안전교육
- 기타

구분	준비자료	교육인원	특이사항
체험도구	각종 도구	30명 이내	인원에 맞게
구연동화, 동요	교육목표	〃	
소방장비	유형별	〃	
현장학습	유형별	〃	

3. 태도(행동)교육

- 지식과 기능교육을 통해 습득한 안전행동을 안전수칙 준수로 연결할 수 있다.
- 타인의 안전을 배려할 수 있다.

4. 반복(순환)교육

- 지속적인 반복교육을 통해 안전행동을 습관화할 수 있다.

- 빠른 판단과 대처로 사고를 미연에 방지하고 사고 감소에 기여할 수 있다.

요점 39 **체험시설 및 교육**

1. 체험시설

- 각종 체험도구(실물, 표본, 모형, 사진, 도표, 도형, 지도)

- 구연동화, 소방동요, 영화, 연극(상황 감상)

- 소방장비(각종 차량, 복장, 소화기 등)

- 현장학습(이벤트성 체험시설 활용)

2. 체험시설을 활용한 적용 가능 교육

- 소방관서 체험교육

- 직장 및 학교 등 찾아가는 안전교육

- 이동안전체험차량을 이용한 출장교육

- 불특정 다수 대상의 야외 행사(Event)

요점 40 진로 · 직업체험

1. 교육효과

① 소방 관련 업무와 역할, 안전책임에 대한 식견을 높일 수 있다.

② 대중에게 소방에 대한 긍정적인 인상을 갖도록 할 수 있다.

2. 교육시설 : 화재안전, 재난안전, 생활안전, 교통안전, 응급처치 등 개별 검정기준에 의해 제작된 장비 · 소방관서 · 소방시설 · 소방장비 · 기타

구분	준비자료	교육인원	특이사항
소방관서	업무 소개	30명	
소방장비	차량, 복장	30명	
소방시설	119 신고 → 출동	30명	

※ 모든 안전교육은 안전교육 교수요원이 위의 각 사항들을 점검하고 준비한다.

3. 안전교육 대상 선정

① 유아(취학 전 아동)

② 어린이(초등학생)

③ 청소년(중 · 고등학생)

④ 성인

⑤ 장애인

4. 체험시설을 활용한 적용 가능 교육

① 소방관서 방문 체험학습

② 직장 및 학교 등 찾아가는 안전교육

③ 기타

5. 선정 단체 혹은 기관과 사전 협의

① 체험 현장 사전 답사를 통한 장비의 부서 위치 등 확인

② 체험인원의 조별 편성 및 인솔자 지정(학교 등 체험단체의 관계자 지정)

③ 체험장 주변 질서유지 및 운영요원의 안내에 따라 이동(오리엔테이션 등)

④ 체험 시작 전 인솔자 책임 하에 준비운동 및 개인안전장구(헬멧, 체험복장, 장갑 등)
   착용 확인 철저

⑤ 체험교육 운영에 따른 협조 당부 및 체험 시 안전상 주의사항 안내

※ 예상문제 48번 '소방관이 되려면' 소방관 직업체험과 관련하여 실기시험 문제를 스스로 예상하여 공부하면
   도움이 될 수 있다.

1. 기본적인 형태 세 가지

① Make(만들다)

② Raise(기르다)

③ M + R(만들고 기르다)

2. 다양한 교수기법

① 강의법 : 전통적 교수법

② 토의법 : 자유토의, 패널토의, 공개토의, 심포지엄, 세미나 등

③ 문제해결학습(J. Dewey) : 문제를 해결하는 과정에서 이루어짐

④ 발견학습(Bruner) : 학생 스스로 개념과 원리를 발견하여 전개시키는 학습방법

⑤ 설명적 교수(Ausubel) : 교육내용을 알기 쉬운 형태로 제시하면 발견학습보다 더 효과적

⑥ 목표별 교수법(Gagne 9단계 수업사태) : 학습수준에 따라 다른 학습지도 필요

※ **토의식 교수기법의 4단계**
- 제1단계 : 도입 단계(5분) – 학습 준비
- 제3단계 : 적용 단계(40분) – 시켜본다
- 제2단계 : 제시 단계(10분) – 작업 설명
- 제4단계 : 확인 단계(5분) – 살펴본다

교수요원은 계절별/시기별/월별 특성을 고려하여 교육을 실시할 수 있다.

1. 계절별 재난사고 유형

① 봄 : 황사, 산불, 해빙기 사고 등

② 여름 : 물놀이 안전, 풍수해, 태풍, 폭염, 식중독 등

③ 가을 : 야외활동 안전사고 등

④ 겨울 : 빙판 및 얼음 사고, 폭설, 화재 등

2. 시기별 재난사고 유형

① 행사기간 : 행사장, 공연장 안전사고

② 설, 추석 연휴 : 교통사고, 예초기 등 안전사고

③ 농번기 : 농기계 안전사고

④ 지역축제 : 방문의 해, 나비축제, 불꽃축제, 전통축제 시 안전사고

3. 월별 재난사고 유형

① 1월 : 빙판 안전사고

② 2월 : 해빙기 안전사고

③ 3월 : 교통사고, 등하굣길 안전사고

④ 4월 : 황사

⑤ 5월 : 산불

⑥ 6월 : 폭염

⑦ 7월 : 물놀이 안전사고

⑧ 8월 : 태풍, 식중독

⑨ 9월 : 동물(뱀) 안전사고

⑩ 10월 : 야외활동 안전사고

⑪ 11월 : 화재예방(불조심 강조의 달)

⑫ 12월 : 동계 스포츠 안전사고

요점 43 | 교육 적정인원, 교육 기자재 선정

1. 교육 적정인원 산정

① 해당 안전교육 주제 및 유형별 적정인원을 산정한다.

② 참가인원 적정비율

예) 체험교육 시 → 교수 : 안전요원 : 교육생 = 1 : 3 : 30

2. 교육 기자재 선정

① 해당 안전교육에 사용되는 기자재를 선정한다.

② 사용되는 기자재의 특성 파악을 위해 '교육장비 사용자 매뉴얼'을 필독한다.

③ 교육 기자재 확보는 1인당 1조를 기준으로 한다. 단, 교육내용에 따라 달리할 수 있다.

① 해당 안전교육 시 발생할 수 있는 안전사고에 대비하여 안전계획을 수립한다.

② 교육 전 검토회의 시 안전요원은 필히 지정하여 배치한다.

③ 우천 시 실외 교육은 자제한다.

④ 교육 대상자의 안전 확보에 최선을 다해야 한다.

⑤ 안전교육을 신청한 단체 및 개인(이하 참가자)에게 주의사항을 전달한다.

⑥ 참가자에 대하여 보험가입 유무 확인 및 보험가입 권장을 할 수 있다.

⑦ 응급처치에 필요한 약품을 준비한다.

⑧ 야외 교육 시 구급차 및 구급대원 배치 여부를 판단한다.

⑨ 체험교육을 실시할 때에는 참가자 서약서를 작성한다.

⑩ 안전교육 실시 전 반드시 참가자 주의사항을 확인한다.

사전 검토회의 및 안전점검표

1. 안전교육 수행 전에 교수요원들 간에 사전 검토회의를 실시한다.

2. 안전교육점검표(교육 전)는 다음과 같다.

교육 전 안전교육점검표 1

점검사항	Yes	No	비고
대상 파악			유아, 어린이, 청소년, 성인, 장애인
교육주제 선정			[연령별/계층별 교육 프로그램] 표 참고
교육유형 선택			이론교육, 체험학습, 진로·직업, 복합유형
교육 기자재 선정			연기체험 텐트, 119 전화기 키트 등
사용자 매뉴얼 숙지 여부			이동안전체험차량, 제연기 등
교관 편성(적정인원)			교관 1인당 ( )명의 교육생
교관 편성(전담 분야)			주교관 1인 외 ( )명의 보조교관
안전계획 수립 여부			보험, 구급함, 구급차 등
사전 검토회의 시행 여부			모든 교관 및 관계자 참석
기타 사항			

교육 전 안전교육점검표 2

점검사항	Yes	No	비고
대상을 파악했는가? (유아, 어린이, 청소년, 성인, 장애인)			
협의를 통해 교육주제를 선정했는가? (실제)			
교육유형은 선택했는가? (이론교육, 지식교육, 태도교육, 반복교육, 복합유형)			
어떠한 교육 기자재를 사용하여 교육할 것인지 선정했는가?			
장비 사용자 매뉴얼은 숙지했는가?			
교관 1인당 교육생은 ( )명으로 적정한가?			주교관 : ( )명 부교관 : ( )명
안전사고 대비 계획은 포함되었는가? (보험가입 등)			
사전 검토회의를 시행하였는가? (모든 관계자 참석)			
기타 사항			

안전교육 진행 및 종료 이후 절차

1. 안전교육 진행

① 안전교육점검표(교육 전)를 확인하여 준비가 완벽히 되었는지 확인한다.

② 지도원칙 및 교수요원의 역할에 따라 교육을 진행한다.

③ 교육생들의 돌출행동이나 이탈 등으로 진행이 지연되거나 곤란하지 않도록 한다.

④ 교수요원들 간에 사전 검토된 내용과 업무분장을 토대로 진행될 수 있도록 각별히 유념한다.

⑤ 교수요원이 교육을 진행하거나 조별 진행으로 인해 대기 중일 때 보조요원은 불필요한 언어나 행동으로 인해 교육에 차질을 주지 않도록 한다.

2. 교육 후 설문조사 실시

① 안전교육 중 형성평가와 안전교육 종료 후 설문조사를 병행하여 실시한다.

② 안전교육 담당자는 참가자에게 설문조사를 실시한다.

③ 설문방법은 인터넷과 현장에서의 의견수렴을 활용할 수 있다.

④ 설문결과는 반드시 안전교육실시기관의 장에게 보고한다.

> **※ 설문 및 평가 세부사항**
> ① 교육생 만족도
> ② 교수기법 적정성 여부
> ③ 교육내용 형성평가
> ④ 추후 소방 관련 정보 수용 여부
> ⑤ 소방에 관한 이미지

3. 수료증 발급

① 수료증 발급기준은 다음과 같다.

• 안전교육을 일정 시간 이상 수료한 자

- 설문지 작성 및 평가에 임한 자

② 수료증 발급 시 다음 내용에 유의한다.

- 수료증은 안전교육실시기관의 장이 발행한다.

- 수료증을 발급하면 발급대장에 반드시 기재한다.

- 발급대장에는 발급번호, 수료자 이름, 교육시간, 교육내용, 교육기관, 교육장소 등
  을 반드시 기재한다.

4. 참가자 D/B 구축

5. 교육 · 홍보활동 결과 정리

6. 종료 후 확인사항

① 기자재 철수 및 회수 여부

② 안전사고 발생 여부

③ 점검표 작성(교육 종료 후)

④ 기자재 파손 및 이상 유무 확인

교육 종료 후 안전교육점검표

점검사항	Yes	No	비고
설문 실시 여부			
수료증 발급 여부			
교육 기자재 회수 여부			
교육 기자재 점검			
안전사고 발생 여부			
교관 평가			

요점 47 안전교육 환류

1. 교육 종료 후 교수요원은 설문 및 평가 결과를 요약·정리하며, 이를 다음 교육 개선에 반영할 수 있도록 한다.
2. 교육 우수 사례 및 개선 필요 사례를 발굴하여 향후 교육 시스템 개선에 반영한다.
3. 교수요원은 다음 사항들을 향후 교육계획에 반영한다.
   ① 교수방법의 새로운 시도나 제안
   ② 주요 시책 및 화재 등 재난사고에 대한 예방대책 홍보
   ③ 홍보 안내문 발송, 시청각 자료 및 홍보 간행물 등 제공
   ④ 국민의 안전을 위해 노력하는 다양한 119 활약상 홍보
4. 교수요원은 교육 그 자체보다 교육과 사후관리를 통한 안전사고 방지가 더 중요함을 깊이 인식하고, 교육 후 평가와 사후관리에 만전을 기해야 한다.

요점 48 교수계획

1. 교수요원은 교육주제에 따른 교수지도계획서를 작성하여 활용한다.
   ① 교수지도계획서는 무엇을 어떤 내용으로 어떻게 가르칠 것인가를 한눈에 알아볼 수 있는 학습설계도이다.
   ② 교수지도계획서는 효과적인 목표 달성과 교육운영 통일을 위한 중요한 요소이다.
   ③ 교수지도계획서는 담당자 변경 시 인수인계하여 활용한다.
   ④ 교수지도계획서는 교육주제에 따른 교육운영의 표준 절차로서 기능을 한다.

2. 교수지도계획서의 구성요소는 다음과 같다.

① 교육주제 : 지도의 실제 프로그램 참조

② 교육대상 : 유아, 어린이, 청소년, 성인, 장애인 또는 혼합으로 교육수준을 결정하는 중요한 요소이다.

③ 학습목표 : 명확하고 구체적인 목표를 제시한다.

④ 교육유형 : 강의식, 체험식, 견학식, 혼합식으로 체험교육 위주로 작성한다.

⑤ 기자재 : 교육운영에 필요한 장비, 교구, 기자재 등

⑥ 단계별 활동(교수·학습활동)

• 도입 단계(15%) : 피교육자와 강사 간의 공통된 기반을 형성하는 단계이다. 피교육자 집단의 주의력과 관심을 포착, 제시하여 학습 분위기를 형성하고, 더 나아가 수업의 전개 방향을 제시하는 매우 중요한 단계이다.

• 전개 단계(75%) : 도입 단계에서 제시한 학습개요의 순서에 따라 문제를 구체적으로 설명하고 입증하며 규명하는 단계이다.

• 정리 단계(10%) : 지식을 종합하는 단계이다. 전개 단계에서 검증되고 설명된 사실들을 요약한다.

⑦ 교육내용(교안) : 교육목표와 대상에 맞는 내용으로 별도 작성하여 활용하거나 기존에 발간된 지도교범을 활용한다.

⑧ 교육 평가 : 교육 종료 후 실시하며 설문, 구두, 인터넷 등을 활용할 수 있다. 평가결과는 다음에 실시되는 교수지도계획서 작성 및 교육운영에 반영하여야 한다.

요점 49 **계획서 작성 시 안전대책(고려사항)**

① 현장 상황에 따른 안전시설 설치 확인

　• 고임목 설치, 전도 방지, 매트리스, 현장 안전조치 확인 등

② 체험자에 대한 개인안전장구 등 확인 후 진행

③ 개인안전장구 착용, 안전사고가 우려되는 곳에 매트리스 설치 등 조치 철저

④ 체험교육 시 분야(시설)별 운영요원 담당 책임구역 지정·운영

⑤ 체험장비 및 기자재는 안전기준 초과 사용 금지(안전요원 배치)

　• 허용중량, 사용기간 등 준수(점검 및 정비 철저)

⑥ 체험 중 돌발상황 발생 대비 안전조치 강구

⑦ 체험인원에 맞는 시간·공간 확보로 무리한 체험 진행 지양

⑧ 체험자의 정신·신체적 장애 또는 장비 고장 징후 발견 시 체험 중지하고, 체험자를 안정시켜 안전한 곳으로 인도 후 구급대원이나 인솔자에게 인계 조치

⑨ 체험 현장에 구급차량 전진 배치

　• 유사시 응급처치 및 긴급이송체제 유지(응급구조사 등 전문인력 배치 활용)

※ **안전교육계획서 작성 시 필요사항**

① 교육목표　　② 과정 요약　　③ 강의 개요

계획서 작성 시 안전대책점검표

구분	점검사항	Yes	No
학습수준	목표와 연관 있는 주제인가?		
	수준에 맞는 주제인가?		
학습도구	수준에 맞는 학습방식인가?		
	학습도구는 적절히 사용하는가?		
학습 진행	학습도구의 수준은 학습자의 눈높이에 맞는가?		
	교육생들의 관심 유도를 위해 적절한 질문을 사용할 수 있는 프로그램인가?		
시간 배정	교육생들의 적극적인 참여를 유도하는 프로그램인가?		
	학습목표와 교육생 수준에 맞는 학습시간인가?		
마무리	수준에 맞는 결론을 도출할 수 있는가?		
	내려진 결론은 목표에 부합하는가?		
기타 사항			

요점 50 안전교육의 표준 절차

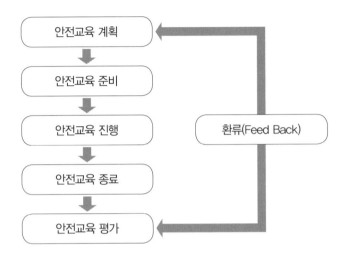

요점 51 교수요원의 용모 및 복장

① 교수요원의 용모 및 복장은 항상 단정해야 한다.

② 교수요원은 교육 시작 전 용모 및 복장을 확인하는 습관을 갖는다.

③ 긴 머리는 묶거나 흘러내리지 않도록 주의한다. 수염은 깨끗이 깎는다.

④ 교수요원의 복장은 구김이나 색상의 탈색 등 지저분하지 않도록 관리에 철저를 기한다.

⑤ 교수요원임을 나타내기 위해 별도의 흉장 또는 표식을 한다.

⑥ 소방안전교육사의 경우 소방안전교육사를 나타내는 표식을 한다.

요점 52 교수요원의 자세

① 교수요원은 교육장소에 대하여 철저히 파악해야 한다.

- 위험요소, 교육계획과의 적합성, 준비된 교안과의 일치 여부, 조명시설, 스크린 위치, 마이크 사용 여부 등

② 교수요원은 부드러우면서도 자신이 넘치는 인상을 주도록 한다.

③ 교수요원은 교육활동에 있어서 바른 자세를 유지하여야 한다.

- 자연스러운 몸가짐, 밝은 표정
- 시정해야 할 자세 : 양손으로 교탁을 잡고 상체를 굽힌 자세, 팔꿈치로 교탁에 의지한 자세, 호주머니 입수 자세, 팔짱을 낀 자세, 손을 허리춤에 낀 자세
- 상황에 적합한 제스처, 자기도 모르게 나오는 버릇(말버릇, 몸버릇)의 통제

④ 교수요원은 시선 처리에 신경을 기울여야 한다.

- 피교육생의 마음을 읽는다, 부드럽게 응시한다, 보는 각도를 넓게 한다.

⑤ 교수요원은 마이크 사용법을 알고 있어야 한다.

- 입에 마이크를 너무 가까이 하여 숨소리까지 나오지 않게 한다.

⑥ 교수요원은 교육시간 관리에 철저해야 한다.

- 시간 초과는 금물, 시간이 부족하지 않게 내용 분배, 항상 시간을 의식하며 강의할 것

⑦ 교수요원은 피교육생에게 신뢰감을 줄 수 있도록 노력해야 한다.

- 폭넓은 지식 구비, 밝은 표정, 쉬운 말로 표현할 것
- 요점정리, 지나친 자신감 자제, 잔재주를 피우지 말 것

요점 53 초등학교 저학년 어린이들의 발달특성

학년	비고
1학년	• 현실감각이 떨어지고, 구체적인 조작활동을 할 때 인지력이 높아진다. • 이야기 속 상황을 매우 현실감 있게 받아들인다. • 방향감각(동서남북, 좌우)이 불확실하고 참을성과 집중력이 약하다. • 자기 입장에서 이야기하므로 성급하게 아이들의 말과 행동을 판단하거나 결정지으려고 하면 안 된다.
2학년	• 감정 위주로 행동하며 집단의식이 낮고 손해보려고 하지 않는다. • 행동은 개인적이지만 사회의 요구를 이해하기 시작한다. • 놀이집단의 규모가 확대되며 간단하고 협동적인 놀이를 즐길 줄 안다. • 정서의 지속시간이 짧고 강렬하며 자주 변하므로 한 가지 작업에 오래 열중하지 못한다.
3학년	• 생각하고 서로 협동하는 활동보다는 모둠별 퀴즈대회, 발표대회 등 재미있고 놀이적인 활동에 더 관심을 보인다. • 기초적인 논리적 사고가 시작되는 시기이다. 구체적 조작 과정을 머릿속에서 그릴 수 있는 초보적 시기로서 새로운 지식과 개념을 배우고자 하는 열의가 생긴다. • 시공간에 대한 구별이 존재함을 인식하고 이를 구별하려 애쓴다.

초등학교 저학년 어린이들과 활동하기 전 유의사항

① 체험활동 시 1 : 1 설명에서는 어린이들과 눈높이를 맞추고 설명하면 더 좋다.

② 활동자료를 소개할 때는 어린이 전체가 잘 볼 수 있도록 앞에서 들고 설명하거나 어린이들이 잘 볼 수 있는 위치에 놓는다.

③ 언어 사용 시 '~해보세요, 같이 해봅시다' 등의 용어를 사용한다.

④ 간단한 유희나 상상 속의 이야기 같은 내용을 병행해 현실감이 낮고 주의집중력이 약한 저학년 어린이들의 주의집중을 환기시키면서 활동하면 더 효과적이다.

⑤ 교사가 아닌 분이 강사라면 활동 상황이나 내용을 설명할 때 전문적인 용어 사용보다는 어린이들이 이해 가능한 쉬운 용어를 사용하며, 쉽게 설명한다고 생각해도 설명을 하다 보면 전문적인 내용으로 빠져들기 쉬우므로 주의한다.

⑥ 활동자료는 개인별 자료가 가장 좋고, 개인별 자료가 없을 때는 모둠(한 모둠당 4명 구성이 좋음)별로 자료를 제시해서 활동하게 한다.

⑦ 어린이들에게 활동자료를 배부할 경우 미리 자료에 대한 주의사항을 설명한 후 배부하고, 사용 설명은 자료 배부 후 어린이들이 갖고 있는 상태에서 한다.

⑧ 활동 시작 전에 어린이 전체가 주의집중하도록 흥미를 유발하면 더 좋다.

⑨ 가능하면 이론보다는 체험 중심의 구체적인 자료가 있는 활동이 좋다. 항상 강사의 지시 후에 어린이들이 어떤 반응을 나타낼지를 예측해보고 지도한다.

초등학교 고학년 어린이들의 발달특성

학년	비고
4학년	• 또래 집단의 필요성을 알고 만들기 시작하며, 사회의 여러 현상에 대해 관심이 많아지고 나름대로 판단해 비판하는 의식도 생긴다. • 가공의 세계와 현실 세계에 대한 구별을 확실히 한다. • 어른들의 행동에 대해 비판적 관점을 가지기 시작하고 확실한 근거를 요구하기도 한다. • 남자아이들은 활발하게 움직이는 운동을 즐겨 하고, 여자아이들은 움직이는 것을 귀찮게 생각하고 싫어한다.
5학년	• 자기 자신에 대해 강한 자긍심을 가지고 있으며 자신이 잘하는 점을 친구들 앞에서 당당하게 자랑한다. • 유머나 개그 표현을 즐기며 이성 교제나 연예인에 관심이 많고, 키가 작은 아이는 약간의 열등감을 갖기 시작하는 모습이 보인다. • 옳고 그름에 대한 분별력이 거의 완벽하게 갖추어져 있고 자신의 주장에 대한 적절한 근거를 들 줄 알지만, 자기가 잘못한 것을 알면서도 끝까지 인정하지 않고 버티는 모습을 보이기도 한다.
6학년	• 수준이 높거나 깊지는 않지만 뉴스나 신문을 보고 사회적으로 비판하고 이유를 가지고 바라보며 자신의 생각을 나름대로 말할 줄 안다. • 비판의식 및 또래의 집단의식이 강해지고 또래 집단 내에서 힘에 의해 우열 순위가 결정되며 그 결정을 모두가 무리 없이 받아들인다. • 발표를 해야 하거나 앞에 나서서 무언가를 해야 하는 경우 주변을 많이 의식하여 더 잘하려고 하거나 괜히 더 부끄러워 앞에 나서는 것을 꺼리는 행동으로 나타난다.

요점 56 초등학교 고학년 어린이들과 활동하기 전 유의사항

① 간단한 인터넷 검색 및 사전 과제학습을 제시한 후 강의할 수 있다.

② 사회 현상에 대한 관심과 이해도가 높은 시기이므로 현장체험 중심의 실제 화재 사례 및 화재진압 경험담을 들려주며 강의를 하면 반응이 좋다.

③ 활동자료는 어린이 전체가 잘 볼 수 있도록 앞에서 들고 설명하거나 어린이들이 잘 볼 수 있는 위치에 놓고 '~해봅시다, 같이 해보자' 등의 용어를 사용한다.

④ 교사가 아닌 분이 강사라면 활동 상황이나 내용을 설명할 때 전문적인 용어 사용보다는 어린이들이 이해 가능한 쉬운 용어를 사용한다. 쉽게 설명한다고 생각해도 설명을 하다 보면 전문적인 내용으로 빠져들기 쉬우므로 주의한다.

⑤ 활동자료는 개인별 자료가 가장 좋으나 개인별 자료가 없을 때는 모둠(한 모둠당 4~6 명 구성)별로 같은 자료를 제시하는 학습 및 모둠별로 각기 다른 자료를 제시하고 활동 이 끝나면 모둠끼리 바꿔서 해보는 모둠순환학습도 좋다.

⑥ 어린이들에게 활동자료를 배부할 경우 미리 자료에 대한 주의사항을 설명한 후 배부하 고, 사용 설명은 자료 배부 후 어린이들이 자료를 갖고 있는 상태에서 한다.

⑦ 어린이 각자의 생각을 발표하게 하거나 모둠 토의를 통해 생각을 수렴하는 활동도 좋으 나 강사의 지시 후에 어린이들이 어떤 반응을 나타낼지를 예측해보고 지도한다.

국민안전교육의 유형

1. 국민안전교육의 유형

유형	비고
체험형(6종)	소방차 탑승, 소화기 사용법, 연기 대피 체험, 심폐소생술, 방수 체험
전시형(3종)	현장활동 사진 전시회, 소방장비 전시회, 동영상 시청
참여형(4종)	캐릭터 사진 찍기, 소방동요 · 웅변 대회, 그림 그리기
시범형(3종)	소방관서 인명구조 · 응급처치 · 화재진압 시범

2. 교육 시 유의사항

- 참여형은 지역축제, 학교 등에서 주된 교육유형
- 체험형과 시범형은 일정한 공간과 준비된 장비가 필요하고 안전이 우선 확보되어야 한다.

소방안전교육 교안작성법

1. 개요

① 정의

- 무엇을 어떻게 가르칠 것인가?

- 교안의 정의 : 선정된 교육내용을 교육목표에 부합하도록 어떠한 순서 또는 방법으로 강의할지 구상하여 기재한 것

② 교안의 효과

- 전달하고자 하는 내용을 의도한 대로 강의할 수 있다.

- 내용별 소요시간을 배분하여 계획된 시간을 준수할 수 있다.

- 강의기술의 향상과 교육자료를 체계화할 수 있다.

2. 교안작성 필수요소

① 강의 제목

② 교육목표

③ 교육일자 및 장소, 소요시간(각 단계별 소요시간 배정 유의)

④ 대상인원

⑤ 교육의 주 내용 : 도입(15%) - 전개(75%) - 종결(10%)

※ **교육준비 계획에 포함되어야 할 사항**

① 교육목표 결정   ② 교육 대상자의 범위 결정(최우선적 고려사항)

③ 교육과정, 과목 및 내용 결정   ④ 교육방법 결정

⑤ 교육 담당자 및 강사 결정   ⑥ 교육시간, 시기 및 장소 결정

⑦ 소요예산 산정

소방안전교육의 주 내용

1. 도입(10분)

① 상호교감이 될 수 있는 주제(음식, 날씨, 교통, 뉴스, 스포츠, 연애 등)로 인사

② 교육의 중요성을 강조하며 동기 부여

③ 강의 개요 전달

2. 전개(45분)

① 강의할 본 내용 : 논리적, 체계적 분류(요지, 이유, 사례, 결론)

② 첨부할 자료(영상자료, 사진, 유머, 질문, 강화계획 등)

③ 교육목표 유념

3. 종결(5분)

① 전개에서 나열한 핵심내용을 요약하여 되짚어줌(요약, 정리, 강조)

② 질문을 통해 교육목표 도달 여부 확인

③ 속담, 격언, 좋은 말 등으로 마무리

요점 60 소방안전교육 교안작성의 원칙

① 구체성 : 강의안은 구체적으로 자세하게 작성

② 논리성 : 구체적인 사실을 바탕으로 정보전달

③ 명확성 : 알아볼 수 있도록 작성

④ 독창성 : 재미있게, 쉽게, 흥미롭게

요점 61 교육심리학의 접근

다음의 내용은 암기할 필요는 없으나 행동주의와 인지주의 교육과 연관됨을 이해하고, 이후 행동주의 교육과 인지주의 교육에 접목해서 이해할 때 유용하다.

1. 정신분석학적(제1심리학) 접근 : 무의식이 행동을 한다(아무 생각 없는 '멍'이 아님)

- 요지 : 인간의 행동은 무의식 작용, 인간 행동은 본능에 의함

- 성격 영역 : 프로이드의 성격발달이론, 융의 성격이론

- 사회 영역 : 에릭슨의 사회심리이론, 아들러의 사회분석이론

2. 행동주의적(제2심리학) 접근 : (S-R) 자극에 의해서 행동을 한다

- 요지 : 측정될 수 있고 기록될 수 있는 행동, 관찰 가능한 행동

- 파블로프의 고전적 조건화 : 자극과 반응에 의한 행동 변화

- 스키너의 조작적 조건화 : 보상이나 강화를 통한 행동 변화

- 손다이크의 시행착오 : 우연히 초래된 행동 변화

3. 인본주의적(제3심리학) 접근 : 스스로 행동한다

- 요지 : 인간 스스로 행동에 책임(외부 자극이나 무의식이 아님)/자유의지, 존엄성
- 로저스의 인간중심상담이론 : 완전 기능인
- 매슬로의 욕구위계이론 : 자아실현, 인간 존재의 본질

4. 인지주의적(형태주의, 게스탈트 심리학) 접근

- 요지 : 외적자극에 반응하는 피동적 존재가 아니라 받아들인 정보를 능동적으로 처리하고 새로운 형태로 발전시키는 자율적인 존재
- 베르타이머의 형태이론 : 파이 현상과 프래그난즈 법칙
- 쾰러의 통찰설 : 학습이란 통찰(A-ha 현상)
- 레빈의 장이론 : 객체와 환경과의 역동적인 관계에서 학습이 이루어짐
- 톨멘의 기호형태설 : 잠재적인 인지구조의 작성
- 현대의 정보처리이론 : 단기기억의 청킹(chunking), 기억 과정의 설단 현상

요점 62 발달단계별 특징과 소방안전교육

발달단계에 따라 크게 유아기, 아동기, 청소년기, 성인기로 구분하며, 각 시기별 특징과 그에 따른 교육방법은 다음과 같다.

1. 3~7세(놀이방 및 어린이집, 유치원)

기본 안전교육을 통하여 안전에 대한 의식이 태동되도록 하는 교육내용 구성과 재난 및 재해 대피에 관한 기본 요령 등의 훈련이 필요하다. 도로교통법규와 생활안전교육 등의 교육내용이 적합하다.

2. 아동기

통상적으로 초등학교 학생들을 지칭한다.

• 8~13세(초등학교) : 기초적인 소방안전지식을 습득할 수 있는 교과내용으로 소화기의 원리, 불이 발생할 수 있는 조건 등에 대한 지식, 낙상사고, 화상, 천재지변 등에서의 행동요령을 익힐 수 있는 내용으로 구성한다.

3. 청소년기

스스로 할 수 있는 자기주도적 학습과 또래 집단 차원에서 서로 토의, 관찰, 분석, 평가하는 등의 활동을 통해 문제를 해결하는 방식으로 유도하는 교육방법이 적합하다. 이때 교사는 보조적 역할, 조력자로서의 역할을 한다.

• 14~19세(중고등학교 및 또래) : 좀 더 전문적인 지식과 문제를 인식하고 해결하는 능력을 길러줄 수 있는 교육내용으로 물리, 화학 등의 사고 시 대처요령, 심폐소생술 및 제세동기 등에 의한 응급처치 기본 교육, 재난 재해에 대한 대처요령 등에 대한 교육내용

이 구성되어야 한다.

4. 성인기

일반적 교육으로는 자발적 참여를 유도하기가 쉽지 않다. 성인들을 대상으로 하는 교육에서는 성인들이 직접 또는 간접적으로 체험한 안전사고에 대한 경험을 이야기하게 하고 그에 따른 피드백을 통하여 문제의 개선방향을 이끌어내는 식의 교육방법이 요구되며, 이러한 교육이 실생활에 직접적으로 도움이 될 수 있다는 타당한 근거와 이유를 제시하여야 성인들의 자발적 참여를 유도할 수 있다.

- **20세 이후** : 현 생활에 직접 필요한 내용으로 소화기 사용법, 심폐소생술 및 제세동기 등에 의한 응급처치와 각종 산업 현장에서 발생하는 안전사고에 대한 응급조치 등의 내용으로 구성한다.

국민안전교육
실무 기출문제 및 풀이

문제 01 사고발생이론 중 '깨진 유리창 이론(Broken Windows Theory)'의 의미와 주요 내용에 대해 설명하고, 소방안전교육에 주는 시사점에 대해 논하시오.(10점)

문제 02 화상안전교육을 위해 아래와 같이 학습목표를 설정하였다. 학습목표에 따른 교육내용을 기술하시오.(20점)

1. 화상 환자에 대한 평가를 수행할 수 있다.

2. 심한 화상인 경우 초기 통증과 감염을 줄이기 위한 응급처치를 수행할 수 있다.

문제 03 소방안전교육사인 안전해 선생님은 보다 좋은 수업을 위해 늘 관심을 갖고 연구 중이다. 어떻게 해야 효과적이고 매력적인 수업을 할 수 있을지 고민하고 있을 때 최열정 선생님이 교수설계모형을 적용해볼 것을 권유하였다. 이에 따라 다양한 교수설계모형 중 가네-브릭스(Gagné–Briggs)의 포괄적 교수설계모형과 켈러(Keller)의 동기설계모형을 적용해보려고 한다. 다음 물음에 답하시오.(30점)

물음 1 　가네-브릭스의 포괄적 교수설계모형과 켈러의 동기설계모형을 구체적으로 설명하시오.(24점)

물음 2 　두 모형의 차이점을 제시하고 소방안전교육의 교수설계에 대한 시사점을 논하시오.(6점)

문제 04 소방안전교육은 동일한 주제라 하더라도 대상에 따라 교육내용이나 방법을 다양하게 설계할 수 있다. 지난 8월 강풍과 국지성 호우를 동반한 태풍으로 A마을은 예상치 않은 인명 및 재산 피해가 발생하였다. A마을 초등학교에서는 태풍 피해의 심각성을 뒤늦게 깨닫고 소방안전교육사 김교육 선생님에게 태풍의 대비 및 대처 교육을 요청하였다. 다음 물음에 답하시오.(40점)

물음 1 　교수지도계획서(교안)에 포함해야 할 구성요소를 제시하고 설명하시오.(10점)

물음 2 　구성요소를 고려하여 교육 프로그램 1개 차시(40분)의 교수지도계획서를 작성하시오.(30점)

2019년 제8회 소방안전교육사 2차 기출문제

문제 01 사고발생이론 중 '스위스 치즈 모델(The Swiss Cheese Model)'의 개념 및 주된 내용에 대하여 설명하고, 소방안전교육에 줄 수 있는 시사점을 예를 들어 논하시오.(10점)

문제 02 행동주의에 기반한 안전교육의 개념을 설명하고, 행동주의 안전교육의 유형인 지식, 기능, 태도, 반복에 해당하는 내용에 대하여 각각 설명하시오.(10점)

문제 03 소방안전교육사 안전해 선생님은 유아들을 대상으로 화재 관련 안전교육을 실시하고자 한다. 그는 학습목표를 '화재의 위험성을 이해하고, 이를 예방할 수 있는 지식과 태도 그리고 기능을 함양할 수 있다'로 설정하였다. 이 목표를 달성하기 위해 안전해 선생님은 데일(E. Dale)의 '경험원추이론'에 기반하여 교육매체와 활용방법을 결정하였다. 다음 물음에 답하시오.(30점)

[물음 1] 데일의 '경험원추이론'의 개념과 특징을 설명하시오.(15점)

[물음 2] 데일의 '경험원추이론'에 기반한 교육매체와 활용방법의 사례 세 가지를 제시하고, 그 근거를 논하시오.(15점)

[문제] **04** 안전해 선생님은 '자연재난안전교육'에 대한 요청을 받았다. 안전교육 전에 점검해야 할 사항을 다섯 가지만 제시하고 각각에 대해 설명하시오.(20점)

[문제] **05** 소방안전교육사 안전해 선생님은 초등학교 1학년을 대상으로 소방안전교육용 교수지도계획서(교안)를 개발하면서 '체험 중심 수업모형'을 선택하였다. 다음 물음에 답하시오.(30점)

[물음 1] 안전해 선생님이 '체험 중심 수업모형'을 선택한 근거(이유)를 '강의 중심 수업모형'과 비교하여 논하시오.(20점)

[물음 2] '체험 중심 수업모형'을 실제로 전개하는 과정에서 요구되는 안전해 선생님의 역할에 대해 설명하시오.(10점)

2018년 제7회 기출문제 풀이

문제 01 사고발생이론 중 '깨진 유리창 이론(Broken Windows Theory)'의 의미와 주요 내용에 대해 설명하고, 소방안전교육에 주는 시사점에 대해 논하시오. (10점)

 문제해설

1. '깨진 유리창 이론'의 의미

'깨진 유리창 이론'은 원래 범죄심리학에서 비롯된 이론이나 안전에도 적용 가능한 이론이다. 깨진 유리창 하나를 방치해두면 그 지점을 중심으로 범죄가 확산된다는 이론으로, 사소한 무질서 혹은 결함을 방치하게 되면 나중에는 더 큰 피해 또는 피해의 확대가 일어날 수 있다는 개념이다.

2. '깨진 유리창 이론'의 주요 내용

1969년 미국 스탠퍼드 대학교 필립 짐바르도 교수는 차량 두 대로 실험을 실시하였다. 치안이 허술한 골목에 동일한 차량 두 대를 보닛을 열어둔 채로 방치하되, 그 중 한 대는 창문을 깨뜨린 상태였다. 일주일 후 확인해보니 보닛만 열어둔 차는 상태가 그대로였으나, 보닛을 열어두고 창문이 깨진 차량은 더 많은 범죄 행위를 유발한 사실을 확인할 수 있었다. 이러한 상황을 방지하기 위해서는 작은 문제점이나 허술함도 방치해서는 안 된다.

'깨진 유리창 이론'의 개념

3. '깨진 유리창 이론'이 소방안전교육에 주는 시사점

소방안전교육은 안전의 습관화 또는 내면화는 일회성 또는 단기간의 교육으로 이루어지는 것이 아니라 생활 속에서 지속적이고 반복적으로 이루어져야 한다고 말한다.

최근 자주 발생했던 모텔 화재를 예를 들어 설명하자면, 투숙객들에게는 모텔이 잠을 자는 장소지만 소방안전 측면에서는 투숙객들을 화재로부터 지켜주기 위해 소방시설이 안전하게 설치되어야 하는 곳이다. 모텔 건물에 설치된 자동화재탐지설비에 고장이 발생했다고 가정할 때(결함 발생) 즉시 수리하여야 함에도 수리하지 않고 방치한다면(결함 방치) 당장에는 화재가 발생하지 않는다. 수리하지 않아도 화재가 발생하지 않았으므로 점점 무관심해지고(결함으로 위험 집중), 급기야 모텔에서 원인 미상의 화재로 인명 피해(대형사고 또는 피해 발생)가 발생했다면 이는 '깨진 유리창 이론'으로 볼 때 '결함 발생 → 결함 방치 → 결함으로 위험 집중 → 대형사고 또는 피해 발생'이라는 결과를 가져온다. 따라서 결함이 발생했을 때 초기에 결함을 방치하지 않고 해소하는 것이 중요하다고 생각된다.

화상안전교육을 위해 아래와 같이 학습목표를 설정하였다. 학습목표에 따른 교육내용을 기술하시오.(20점)

1. 화상 환자에 대한 평가를 수행할 수 있다.
2. 심한 화상인 경우 초기 통증과 감염을 줄이기 위한 응급처치를 수행할 수 있다.

문제해설

화상안전교육을 실시하기 위해서는 최우선으로 교육대상과 장소 그리고 화상 환자에 대한 평가 및 응급처치를 할 수 있는 실습장비 등에 대한 사전 준비가 필요하다. 이러한 일차적인 준비가 이루어진 후 교육을 실시하여야 한다. 위의 학습목표에 따른 교육내용은 다음과 같다.

1. 화상의 정의

화상은 열에 의해 피부세포가 파괴되거나 괴사되는 현상을 말하며 열손상이라고 한다. 이 현상은 끓는 물, 화염, 온습포(hot pack), 질산이나 황산 등의 화학약품, 일광 및 전기나 방사선 등이 원인이 되어 발생한다.

2. 화상의 원인에 따른 분류

① **화염화상** : 화재사고나 프로판(부탄가스), LPG 가스 폭발로 인하여 화상을 입는 경우를 말하며, 대개 상처가 깊고 호흡기에 손상을 동반할 수 있다.

② **열탕화상** : 뜨거운 물이나 라면 국물, 식용유, 수증기 등에 의하여 화상을 입는 경우로 주로 2도 화상이 많으며, 어린이가 많이 입게 되는 화상이다.

③ **전기화상** : 전류가 몸에 감전되면서 발생하는 화상으로 일반 가정에서 사용하는 낮은 전압에서도 화상을 입을 수 있으며, 종종 심각한 후유증이 발생한다.

④ **화학화상** : 산, 알칼리(양잿물 등)나 일반 유기 용매제와의 접촉에 의하여 일어나는

화상으로 경우에 따라 심각한 장애를 유발할 수 있다.

⑤ **접촉화상** : 뜨거운 철판, 다리미, 전기장판 등에 피부가 장시간 노출되면서 발생하는 화상으로 대부분의 경우 3도 화상으로 진행된다.

3. 화상의 깊이에 따른 분류

① **1도 화상** : 대표적으로는 일광화상(선탠, sun-tan)으로 직사광선에 장시간 노출되거나 고도의 발열에 순간적으로 접촉 또는 노출됨으로써 발생한다. 화상을 입은 후 상처 부위가 빨갛게 되고 따끔따끔 아프며 약 48시간 후에는 따가움과 통증이 없어지는 것이 특징이다.

② **2도 화상** : 얕은(표재성) 2도 화상인 경우 주로 열탕화상이나 가벼운 화염화상에 의해 나타나며, 대부분 수포(물집)를 형성하고 붉은색을 띠며 피하조직의 부종을 동반하고 심하게 통증을 느끼게 된다. 대부분 10~14일 후에 완전 치유가 가능하지만, 깊은(심재성) 2도 화상의 경우 환부가 얼룩덜룩하고 통증은 덜하지만 2주 이상의 치료를 요하며, 심하면 4주 이상의 치료를 요하는 경우도 있다. 경우에 따라서는 피부이식수술이 필요한 경우도 있으며 흉터가 남는 경우가 많다.

③ **3도 화상** : 피부의 표피, 진피층은 물론 피하 지방층까지 손상이 파급된 상태로서 전층 화상이라고 한다. 두꺼운 피부껍질(가피)을 형성하게 되고, 이는 죽은 조직으로 감각이 없는 것이 특징이다. 따라서 통증이 없는 경우가 많고, 초기에는 환부의 색이 피부색과 비슷하여 대수롭지 않게 여기는 경우도 흔하다. 대개 가피절제술 및 피부이식수술을 필요로 한다.

④ **4도 화상** : 가장 깊은 화상 상처로 피부의 전층과 근육, 뼈 등의 심부조직까지 손상이 파급된 상태이다. 3도 화상과 외형적으로는 비슷하지만 절단술, 피부이식술 또는 조직편이식술(flap) 등을 필요로 하며 심각한 장애를 초래하기도 한다.

4. 화상 환자의 평가

① **화상 환자 확인** : 중요하게 고려할 점으로 화상의 범위, 위치, 깊이, 호흡기 화상 여부,

다른 외상 또는 질환의 동반이 있는지, 일산화탄소나 다른 유독가스에 의한 중독이 있는지 등을 확인해야 한다.

② **화상의 범위** : 눈으로 관찰하여 측정(전기화상 제외), 환자의 손바닥 넓이를 체표면 적의 1%로 기준 삼아 측정한다.

③ **화상의 깊이**

- 얇은 화상(1도 화상) : 붉고 부어 있으며 누르면 아픔
- 부분층 화상(2도 화상) : 붉고 벗겨지거나 수포가 생김
- 전층 화상(3도 화상) : 하얗고 통증이 없음

④ **병원에 가야 하는 화상**

- 어린이의 경우 화상 범위가 작더라도 병원에 방문하여 치료받는 것이 좋다.
- 화상의 정도를 평가하기 어려운 경우에도 우선 병원에서 의사의 처방을 받고 지시에 따르는 것이 좋다.
- 다음과 같은 경우 반드시 병원에 가야 한다.

  가. 체표면적이 10% 이상에서 부분층 이상의 화상이 있는 경우

  나. 얼굴, 손, 발, 생식기, 주요 관절 부위의 화상

  다. 범위나 부위에 상관없이 전층 화상이 있는 경우

  라. 전기화상, 화학화상, 흡입화상

  마. 환자가 기저질환이 있는 경우

  바. 화상과 다른 외상이 동반된 경우

  사. 사회·심리적인 문제 등이 동반된 경우

5. 화상 환자의 응급처치

① **STOP : 원인물질 제거**

- 옷에 불이 붙었다면 바닥에 구르며 불을 끈다.
- 옷에 뜨거운 음식물이나 화학약품을 쏟았다면 즉시 옷을 벗는다.
- 금속장신구(반지, 시계 등)는 열전도율이 높으므로 즉시 제거한다.

- 옷이 몸에 붙었다면 억지로 제거하지 말고 병원에서 제거한다.

② COOL : 상처 부위 식히기

- 흐르는 수돗물에 10~15분 정도 충분히 열기를 식혀 상처가 깊어지는 것을 막는다.
- 상처 부위에 얼음을 사용하지 않는다. 상처에 자극을 줄 수 있기 때문이다.
- 저체온증이 발생할 수 있으므로 20분을 넘기지 않도록 한다.

③ CLEAN : 상처 부위 씻어내기

- 차가운 물로 상처 부위를 씻어낸다.
- 감염의 위험이 있으니 민간요법을 사용하지 않는다.

④ WRAP : 상처 부위 감싸기

- 세균 감염을 막기 위해 깨끗하고 마른 수건으로 상처 부위를 감싼다.
- 화상 부위보다 넓은 수건이나 천을 사용하고, 상처를 세게 조이지 않도록 한다.
- 솜은 상처에 붙을 수 있으므로 사용하지 않는다.

⑤ CALL : 119 신고, 병원 방문

- 119에 신고하거나, 화상전문병원에 도움을 요청한다.
- 화상은 잘못 처치할 경우 흉터가 남을 수 있으므로 얼굴, 관절, 생식기 부위, 넓은 범위의 화상일 경우 반드시 병원을 방문하는 것이 좋다.

⑥ 가정에서의 잘못된 응급처치법

- 소주 등의 알코올로 소독하는 것은 모세혈관을 확장시켜 부종을 더욱 악화시키고, 통증을 심하게 할 수 있다.
- 된장, 간장 등을 바르는 것도 금물이다.
- 감자, 오이, 알로에 등의 민간요법도 물집이 잡힌 화상에서는 상처 염증이 깊어질 수 있으며, 감염 등 2차 합병증을 유발할 수 있으므로 사용해서는 안 된다.
- 그 외 치약, 참기름, 오소리기름, 담배 속, 황토, 잉크 등 수많은 민간요법이 있는데, 이러한 방법들은 감염의 원인이 되므로 행하지 말아야 한다.

소방안전교육사인 안전해 선생님은 보다 좋은 수업을 위해 늘 관심을 갖고 연구 중이
다. 어떻게 해야 효과적이고 매력적인 수업을 할 수 있을지 고민하고 있을 때 최열정
선생님이 교수설계모형을 적용해볼 것을 권유하였다. 이에 따라 다양한 교수설계모
형 중 가네–브릭스(Gagné–Briggs)의 포괄적 교수설계모형과 켈러(Keller)의 동기설
계모형을 적용해보려고 한다. 다음 물음에 답하시오.(30점)

물음 1 가네–브릭스의 포괄적 교수설계모형과 켈러의 동기설계모형을 구체적으로 설
명하시오.(24점)

물음 2 두 모형의 차이점을 제시하고 소방안전교육의 교수설계에 대한 시사점을 논하
시오.(6점)

문제해설

물음 1 가네-브릭스의 포괄적 교수설계모형과 켈러의 동기설계모형 설명

1. 가네–브릭스의 포괄적 교수설계모형

가네–브릭스의 포괄적 교수설계이론에서 대표적인 이론은 9가지 교수사태(events)이다.
교수사태는 다양한 학습 상황에서 소정의 목표를 달성하기 위해서는 학습의 외적조건과 내
적조건이 충족되어야만 하는데 이러한 조건을 제공하는 일련의 절차를 말한다.

학습단계 (내적 과정)	교수사태 (수업절차)	교수사태의 내용
주의력/ 경각심	[1단계] 주의 획득	• 모든 교수학습의 시작은 학습자의 주의를 획득하여 수업이 원만하 게 이루어지도록 하는 일
기대	[2단계] 학습자에게 목표 제시	• 학습자가 자신이 학습한 내용을 확인할 수 있으며, 학습자가 지니 고 있는 수업에 대한 기대에 부응

학습단계 (내적 과정)	교수사태 (수업절차)	교수사태의 내용
작용기억으로 재생	[3단계] 선수학습능력의 재생 자극	• 본 학습에 필요한 선수학습능력은 새로운 학습을 실시하기 전에 재생 • 선수학습능력의 재생은 교수자가 학습자에게 사전에 학습한 내용 을 상기
선택적 지각	[4단계] 자극자료 제시	• 수업에서 다룰 내용의 범위는 교수목표의 범위만큼이나 다양
부호화	[5단계] 학습안내 제공	• 학습자가 목표에 명세화된 특정 능력을 보다 용이하게 습득할 수 있도록 돕기 위한 것
반응	[6단계] 수행 유도	• 학습자가 특정 능력을 습득했는지 확인하기 위해서는 학습자에게 관련 행동을 수행하도록 요구하는 것이 필요 • 교수자는 학습자의 반응을 유도하기 위한 질문을 하거나 행동을 지시
강화	[7단계] 수행의 정확성에 관한 피드백 제공	• 가장 효과적인 피드백은 정보적(informative) 피드백 • 반응에 대한 정오 판단에 그치는 피드백보다는 오답인 경우 이를 수정할 수 있는 보충설명을 해주는 피드백이 효과적
	[8단계] 수행의 평가	• 학습자가 설정한 학습목표를 달성했는지의 여부를 확인하는 것과 의도한 것을 일관성 있게 수행하는지의 여부를 확인
재생을 위한 단서 제공	[9단계] 파지 및 전이의 향상	• 교수활동은 수행평가로 끝나서는 안 되며, 학습한 것의 파지와 전 이를 일부분으로 포함하여야 함 • 지적기능학습의 파지와 전이를 위해서는 일정한 간격으로 복습을 하게 하는 것이 효과적 • 언어정보학습의 파지와 전이를 위해서는 선행되어 학습한 언어정 보들과 연관시켜주는 것이 바람직
일반화		

2. 켈러의 동기설계모형

켈러의 동기설계이론은 ARCS 모델로 불린다. 즉, ARCS 모델은 학습자에게 학습동기를 유발시킬 수 있는 학습환경을 설계하는 방법으로 수업 진행 시 학습자에게 주의집중, 관련성, 자신감, 만족감을 줄 수 있는 요소와 전략들을 제시한다.

① **주의집중(Attention)** : 주의집중은 학습자의 흥미를 유도하고 학습에 대한 호기심을 유발하기 위해 학습경험에 대한 자극과 재미적 요소를 고려한다.

켈러가 제시한 주의집중을 위한 구체적인 전략은 다음 세 가지이다.

첫째, 지각적 주의집중전략(학습자 관심)

둘째, 탐구적 주의집중전략(학습자 호기심)

셋째, 변화성의 전략(주의집중 유지)

② **관련성(Relevance) :** 관련성은 학습자의 학습에 대한 필요와 학습경험에 대한 가치를 학습자 입장에서 최대한 높여주는 것으로, 학습자의 필요에 맞게 학습내용과 방법, 활동을 설계하도록 하는 것이다.

켈러가 제시한 관련성을 위한 구체적인 전략은 다음 세 가지이다.

첫째, 목적지향성의 전략

둘째, 필요 또는 동기와의 부합성 강조의 전략

셋째, 친밀성의 전략(학습경험과 관련)

③ **자신감(Confidence) :** 자신감은 학습자 자신이 학습에 대해 자신감을 가지고 적극적으로 학습 진행을 통제함으로써 학습과정을 성공적으로 이끌어내기 위한 것이다.

켈러가 제시한 자신감을 위한 구체적인 전략은 다음 세 가지이다.

첫째, 학습의 필요요건 제시 전략

둘째, 성공의 기회 제시 전략

셋째, 개인적 통제 증대 전략(능력과 노력에 따라 결과가 달라짐을 인식)

④ **만족감(Satisfaction) :** 만족감은 학습자들이 그들의 학습경험에 만족하고 계속적으로 학습하려는 욕구를 가지도록 하기 위한 것이다.

켈러가 제시한 만족감을 위한 구체적인 전략은 다음 세 가지이다.

첫째, 자연적 결과(내재적 강화) 전략

둘째, 긍정적 결과(외재적 보상) 전략

셋째, 공정성 강조 전략

물음 2 **두 모형의 차이점과 소방안전교육의 교수설계에 대한 시사점**

1. 가네-브릭스의 포괄적 교수설계모형과 켈러의 동기설계모형의 차이점

이 두 모형은 결국 교수설계의 일종으로 학습자를 어떻게 하면 잘 학습시켜 효과를 거둘지에 대한 이론이다. 가네-브릭스의 포괄적 교수설계이론은 다양한 학습 상황에서 소정의 목표를 달성하기 위해서 학습의 외적조건과 내적조건 충족을 위한 교수학습 총 9단계를 적용하는 것이라면, 켈러의 동기설계이론은 학습자에게 학습동기를 유발시킬 수 있는 학습환경을 설계하는 것을 중점으로 두고 있다. 즉, ARCS 모델을 사용하여 학습자에게 학습동기를 유발시켜서 궁극적으로 제대로 된 학습을 완성하는 것을 말한다.

2. 소방안전교육의 교수설계에 대한 시사점

소방안전교육에서 교수설계 시 학습자의 외적조건과 내적조건을 감안하여 교수설계를 해야 할 때가 있다. 이러한 경우에 가네-브릭스의 포괄적 교수설계모형을 적용하여 사용할 수 있을 것으로 생각된다. 또한 소방안전교육을 왜 받아야 하는지, 받을 필요가 없다고 생각하는 학습자가 있다면 켈러의 동기설계이론을 적용하여 소방안전교육을 받아야 하며, 학습동기를 유발시킬 수 있는 학습환경 설계에 중점을 두고 교수설계를 해야 할 것으로 생각된다.

문제 04 소방안전교육은 동일한 주제라 하더라도 대상에 따라 교육내용이나 방법을 다양하게 설계할 수 있다. 지난 8월 강풍과 국지성 호우를 동반한 태풍으로 A마을은 예상치 않은 인명 및 재산 피해가 발생하였다. A마을 초등학교에서는 태풍 피해의 심각성을 뒤늦게 깨닫고 소방안전교육사 김교육 선생님에게 태풍의 대비 및 대처 교육을 요청하였다. 다음 물음에 답하시오.(40점)

[물음 1] 교수지도계획서(교안)에 포함해야 할 구성요소를 제시하고 설명하시오.(10점)
[물음 2] 구성요소를 고려하여 교육 프로그램 1개 차시(40분)의 교수지도계획서를 작성하시오.(30점)

문제해설

[물음 1] 교수지도계획서(교안)에 포함해야 할 구성요소와 고려사항

1. 교수지도계획서(교안)에 포함해야 할 구성요소

① 교육주제 : 지도의 실제 프로그램 참조

② 교육대상 : 유아, 어린이, 청소년, 성인, 장애인 또는 혼합으로 교육수준을 결정하는 중요한 요소이다.

③ 학습목표 : 명확하고 구체적인 목표를 제시한다.

④ 교육유형 : 강의식, 체험식, 견학식, 혼합식으로 체험교육 위주로 작성한다.

⑤ 기자재 : 교육운영에 필요한 장비, 교구, 기자재 등

⑥ 단계별 활동(교수·학습활동)

- 도입 단계(15%) : 피교육자와 강사 간의 공통된 기반을 형성하는 단계이다. 피교육자 집단의 주의력과 관심을 포착, 제시하여 학습 분위기를 형성하고 더 나아가 수업의 전개 방향을 제시하는 매우 중요한 단계이다.

- 전개 단계(75%) : 도입 단계에서 제시한 학습개요의 순서에 따라 문제를 구체적으

로 설명하고 입증하며 규명하는 단계이다.

- 정리 단계(10%) : 지식을 종합하는 단계이다. 전개 단계에서 검증되고 설명된 사실들을 요약하는 단계이다.

⑦ 교육내용(교안) : 교육목표와 대상에 맞는 내용으로 별도 작성하여 활용하거나 기존에 발간된 지도교범을 활용한다.

⑧ 교육 평가 : 교육 종료 후 실시하며 설문, 구두, 인터넷 등을 활용할 수 있다. 평가결과는 다음에 실시되는 교수지도계획서 작성 및 교육운영에 반영하여야 한다.

2. 계획서 작성 시 고려해야 할 사항

① 현장 상황에 따른 안전시설 설치 확인 : 고임목 설치, 전도 방지, 매트리스, 현장 안전조치 확인 등

② 체험자에 대한 개인안전장구 등 확인 후 진행

③ 개인안전장구 착용, 안전사고가 우려되는 곳에 매트리스 설치 등 조치 철저

④ 체험교육 시 분야(시설)별 운영요원 담당 책임구역 지정·운영

⑤ 체험장비 및 기자재는 안전기준 초과 사용 금지(안전요원 배치) : 허용중량, 사용기간 등 준수(점검 및 정비 철저)

⑥ 체험 중 돌발상황 발생 대비 안전조치 강구

⑦ 체험인원에 맞는 시간·공간 확보로 무리한 체험 진행 지양

⑧ 체험자의 정신·신체적 장애 또는 장비 고장 징후 발견 시 체험 중지하고, 체험자를 안정시켜 안전한 곳으로 인도 후 구급대원이나 인솔자에게 인계 조치

⑨ 체험 현장에 구급차량 전진 배치 : 유사시 응급처치 및 긴급이송체제 유지(응급구조사 등 전문인력 배치 활용)

물음 2 교수지도계획서

활동명	태풍으로 나무가 심하게 흔들려요.
교육주제	태풍이 올 때 어떻게 해야 할까요?
교육대상	□ 유아 ☑ 초등 □ 중등 □ 성인
학습목표	태풍에 대비하여 사전 준비와 안전하게 대피하는 방법을 말할 수 있다.
준비물(★)	자연재난 사진자료, 동영상 자료, 화이트보드판, 보드마카, 지우개, 벨

단계 (시간)	교수·학습 활동	기자재 및 유의점 (Know–How)
도입 (10분)	◆ 태풍 관련 동영상 보기 • 태풍으로 인해 피해를 입은 내용의 뉴스나 신문자료, 동영상을 보여준다. ■ 태풍이 와서 심하게 바람이 불어서 우산이 날아갔던 사람 있나요? ■ 태풍으로 하수구가 막힌 것을 본 적이 있나요? ◆ 학습문제 제시 • 우리 주변에서 일어날 수 있는 태풍으로 인한 재난에 대해 알아보고, 어떻게 사전 준비를 하고 태풍이 지나갈 때 안전하게 행동할 수 있는지 알아본다.	★ 태풍 사진자료, 동영상 자료 • 태풍으로 인한 피해 동영상과 사진자료를 참고로 보여준다. • 자유롭게 보고 듣고 경험한 것을 이야기하도록 한다.
전개 (30분)	◆ 태풍이 오기 전에는 • TV나 인터넷을 통하여 태풍의 진로와 도달시간을 숙지한다. • 가정의 하수구나 집 주변의 배수구를 점검하고 막힌 곳을 뚫어야 한다. • 침수나 산사태가 일어날 위험이 있는 지역에 거주하는 주민은 대피장소와 비상연락방법을 미리 알아둔다. • 응급약품, 손전등, 식수, 비상식량 등의 생필품은 미리 준비한다. • 가족 간의 비상연락방법과 대피방법을 미리 의논한다. • 바람에 날아갈 물건이 집 주변에 있다면 미리 제거한다. • 지붕, 간판, 창문, 출입문 또는 마당이나 외부에 있는 헌 가구, 놀이기구, 자전거 등 바람에 날릴 수 있는 것들을 단단히 고정시킨다. ◆ 태풍이 지나갈 때는 • 아파트 등 대형·고층건물에 거주하는 주민은 유리창이 파손되는 것을 방지하기 위해 젖은 신문지, 테이프 등을 창문에 붙이고 창문 가까이 접근하지 않는다.	• 바른 행동과 바르지 않은 행동을 비교하여 방법을 설명해준다. • 호루라기로 태풍이나 낙뢰가 발생했음을 알려주고 아이들이 조심해 대피하게 한다.

단계 (시간)	교수 · 학습 활동	기자재 및 유의점 (Know—How)
전개 (30분)	• 아파트 등 고층건물 옥상, 지하실과 하수도 맨홀에 접근하지 않는다. • 건물의 간판 및 위험시설물 주변 또는 공사장 근처는 위험하니 가까이 가지 않는다. • 전신주, 가로등, 신호등을 손으로 만지거나 가까이 가지 않는다. • 감전의 위험이 있으니 집 안팎의 전기수리는 하지 않는다. • 운전 중일 경우 감속운행한다. • 물에 잠긴 도로로 걸어가거나 차량을 운행하지 않는다. • 천둥 · 번개가 칠 경우 건물 안이나 낮은 곳으로 대피한다. • 송전철탑이 넘어졌을 때는 119나 시, 군, 구청 또는 한전에 즉시 연락한다. ◆ 태풍이 지나간 후에는 • 비상식수가 떨어졌더라도 아무 물이나 먹지 마시고 물은 꼭 끓여 먹는다. • 침수된 집 안에는 가스가 차 있을 수 있으니 환기시킨 후 들어가고 전기, 가스, 수도시설은 손대지 말고 전문업체에 연락하여 사용한다. • 사유시설 등에 대한 보수 · 복구 시에는 반드시 사진을 찍어둔다. ◆ 골든벨을 울려요! OX 퀴즈 • 태풍이 올 때 주의방법 • 태풍이 지나갈 때, 지나간 후에 조치방법	• 학습지로 나누어서 풀게 하거나 골든벨로 하는 등 교사가 선택해서 활동하도록 한다. ★ 화이트보드판, 보드마카, 지우개, 벨 • 골든벨을 울린 아동에게 칭찬 스티커를 주고 박수로 격려한다.
정리 및 평가 (10분)	■ 태풍에 대해 알고 있는가? ■ 태풍이 올 때 준비방법을 알고 행동할 수 있는가?	

2019년 제8회 기출문제 풀이

문제 01 사고발생이론 중 '스위스 치즈 모델(The Swiss Cheese Model)'의 개념 및 주된 내용에 대하여 설명하고, 소방안전교육에 줄 수 있는 시사점을 예를 들어 논하시오.(10점)

문제해설

1. '스위스 치즈 모델'의 개념

영국의 심리학자 제임스 리즌(James Reasen)이 제시한 사고 원인과 결과에 대한 모형이론으로서 오늘날까지 가장 타당한 모델 중 하나로 인정받고 있다. 하나의 사건이나 사고, 재난은 한두 가지의 위험요소로 인해 발생하는 것이 아니라 여러 위험요소가 동시에 존재해야 한다는 것이 이 모형의 핵심내용인데, 이를 설명하기 위해 스위스 치즈를 제시하였다.

스위스 치즈는 제작 과정, 발효 단계에서 치즈 내부에 기포가 생긴 상태로 굳게 되는데, 치즈를 얇게 썰게 되면 이러한 공극으로 인해서 치즈 슬라이스에 불규칙한 구멍들이 생기게 된다. 이러한 불규칙한 구멍이 있는 치즈 슬라이스들을 여러 장 겹쳐놓아도 그 치즈 슬라이스 전체를 관통하는 구멍이 있을 수 있다는 것이다. 여기서 치즈 슬라이스는 안전요소들이며, 치즈 슬라이스의 구멍은 안전요소의 결함을 의미한다.

2. '스위스 치즈 모델'의 주요 내용

스위스 치즈 모델은 해석하기에 따라서 의미가 달라질 수 있으나 모두 안전 측면에서 중요한 의미를 갖는다. 우선 사고나 재난은 아무리 여러 단계의 중첩적인 안전요소를 갖추어도 발생할 수 있다. 이는 각 단계의 안전요소마다 내재된 결함이 있으며, 이러한 결함이 우연히 또는 필연적으로 동시에 노출될 때 사고가 발생하게 된다는 것이다. 이를 바꾸어 말하면 이러한 결함 중에 하나라도 제대로 예방되고 제어된다면 사고를 막을 수 있다는 의미로도 해석할 수 있다.

3. 소방안전교육에 줄 수 있는 시사점의 예

예를 들면, 고층건물에서 화재가 발생했는데 화재감지기가 정상 작동하여 빠르게 화재가 감지되었고 경보가 울려 사람들이 신속하게 대피했으며, 동시에 스프링클러도 작동했다면 화재는 큰 피해 없이 진압된다.

그러나 화재감지기가 작동하지 않는 경우에는 화재 상황을 신속하게 알 수 없는 사람들은 빨리 대피하지 못하겠지만 스프링클러만이라도 정상 작동한다면 화재를 진압하여 피해가 커지는 상황에까지는 이르지 않는다. 반대로 화재감지기만 작동하고 스프링클러가 작동하지 않는 경우에도 사람들은 신속하게 대피하여 인명 피해가 발생하는 위험한 상황까지는 이르지 않게 된다.

그런데 화재감지기와 스프링클러가 모두 작동하지 않는 경우라면 어떻게 될까? 이것은 스위스 치즈 모델에서 제시한 여러 장의 치즈 슬라이스를 겹치더라도 구멍이 뚫린 상황으로, 사람들의 대피는 물론 화재 진압도 이루어지지 못해서 대형 인명 피해와 재산 피해가 발생하게 되는 것이다.

이 이론을 통해서 사고나 재난은 여러 위험요소가 중첩될 때 발생하게 되며, 이러한 위험요소 중 하나라도 제대로 대비된다면 재난이 발생하거나 대형화되는 것은 예방할 수 있음을 알 수 있다. 한편으로 현실에서는 어떠한 안전대책도 완벽할 수 없으며, 재난이나 사고의 발생을 제로로 만드는 것은 한계가 있기 때문에 항상 발생에 대비한 대응 및 대처를 철저히 해야 한다는 의미이기도 하다.

문제 02 행동주의에 기반한 안전교육의 개념을 설명하고, 행동주의 안전교육의 유형인 지식, 기능, 태도, 반복에 해당하는 내용에 대하여 각각 설명하시오.(10점)

문제해설

1. 행동주의에 기반한 안전교육의 개념

학습이론 중 행동주의 학습이론(behavioral learning theories)은 파블로프(Pavlov), 손다이크(Thorndike), 스키너(Skinner) 등에 의하여 정립된 이론으로서 모든 행동을 자극(stimulus)과 반응(response)의 관계로 보며, 행동의 변화가 수반되었을 때 학습이 발생한 것으로 간주한다. 이 이론은 학습과제의 세분화를 통하여 학습자의 학습동기를 유발하고, 외형적으로 표현되는 행동을 계속 반복하여 연습할 것을 강조한다.

2. 행동주의 안전교육의 유형인 지식, 기능, 태도, 반복에 해당하는 내용 설명

① 지식(이해) : 사고발생의 원인 및 위험 이해

② 기능(숙달) : 실험·실습·체험을 통한 안전행동 학습

③ 태도(행동) : 안전수칙 준수, 타인 배려

④ 반복(순환) : 지식·기능·태도 반복

즉, 행동주의 안전교육으로 소화기 안전교육을 실시한다면,

① 지식(이해) : 소화기 사용법, 제원, 사용 연수

② 기능(숙달) : 소화기 직접 사용 실습, 안전한 소화기 사용을 위한 안전행동 학습

③ 태도(행동) : 소화기 사용 시 안전수칙 준수, 타인 배려

④ 반복(순환) : 소화기 사용에 대한 지식·기능·태도 반복 교육 등이라고 할 수 있다.

문제 03 소방안전교육사 안전해 선생님은 유아들을 대상으로 화재 관련 안전교육을 실시하고 자 한다. 그는 학습목표를 '화재의 위험성을 이해하고, 이를 예방할 수 있는 지식과 태 도 그리고 기능을 함양할 수 있다'로 설정하였다. 이 목표를 달성하기 위해 안전해 선 생님은 데일(E. Dale)의 '경험원추이론'에 기반하여 교육매체와 활용방법을 결정하였 다. 다음 물음에 답하시오.(30점)

물음 1 데일의 '경험원추이론'의 개념과 특징을 설명하시오.(15점)
물음 2 데일의 '경험원추이론'에 기반한 교육매체와 활용방법의 사례 세 가지를 제시하 고, 그 근거를 논하시오.(15점)

문제해설

물음 1 데일의 '경험원추이론'의 개념과 특징

1. 데일의 '경험원추이론'의 개념

데일은 경험의 수준을 가장 구체적이고 직접적인 경험을 밑면으로 하여 상위로 올라갈수 록 추상성이 높아지도록 배열하며 원추형으로 제시하였다. 이는 학습에 있어서 직접적인 경 험과 추상적인 경험이 모두 필요함을 의미하며, 나아가 구체적인 경험을 바탕으로 할 때 추 상적 경험이 의미가 있음을 제시하는 것이다.

① **직접적·목적적 경험** : 구체적이고 직접적이며 감각적인 경험으로 생활의 실제 경험 을 통해 의미 있는 정보와 개념을 축적한다.
② **구성된 경험** : 실물의 복잡성을 단순화시켜 기본적인 요소만을 제시한다.
③ **극화된 경험** : 연극을 보거나 직접 출연함으로써 직접 접할 수 없는 사건이나 개념을 경험하도록 한다.
④ **시범** : 사실, 생각, 과정의 시각적 설명으로 사진, 그림 또는 실제 시범을 통하여 배

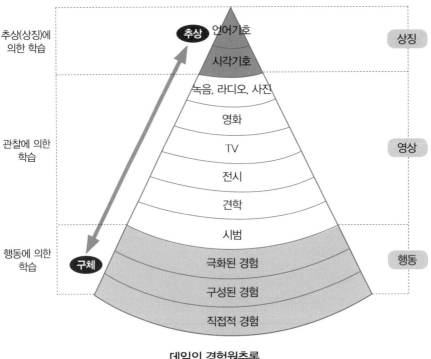

데일의 경험원추론

울 수 있도록 한다.

⑤ **견학** : 일이 실제 일어나는 곳이나 현장을 직접 가서 보고 경험하도록 한다.

⑥ **전시** : 사진, 그림, 책 등의 전시를 통하여 학습자가 관찰하며 배울 수 있도록 한다.

⑦ **TV** : 현재 진행되고 있는 사건이나 일어나는 현상을 담아서 제공. 중요한 요점들만 편집, 수록할 수 있는 동시성이 있으며 직접경험의 감각을 제공할 수 있다는 특징이 있다.

⑧ **영화** : 보고 듣는 경험을 제공. 경험하지 않은 사건을 상상으로 간접경험하며 현실감을 느끼게 한다.

⑨ **녹음, 라디오, 그림** : 간접적이긴 하나 동기를 유발하는 데 효과적이다.

⑩ **시각기호** : 추상적인 표현을 다루며 칠판, 지도, 도표, 차트 등을 이용해 실제 물체를 나타내기도 하고, 시각적 기호로 표현하기도 한다.

⑪ **언어기호** : 언어기호(문자, 음향, 기호)는 사물이나 내용이 의미하는 것과 시각적으

로 연관을 갖지 못하는 것으로 시각기호의 의미를 이해하고 있어야 사용할 수 있다.

2. 데일의 '경험원추이론'의 특징

- 구체성과 추상성의 관계에서 원추의 아래부터 위로 올라갈수록 추상성이 높아지며, 반대로 아래로 내려올수록 구체성을 드러내고 있다.
- 경험원추이론에서 보여주고 있는 교육방법은 각종 학습경험을 차례차례로 경험시킨 후에 이를 토대로 각각의 경험을 종합하여주는 것이다.
- 경험원추이론에서 생각해보아야 하는 것은 교수매체가 구체적인 자료에서 추상적인 자료로 올라갈수록 짧은 시간 내에 더욱 많은 정보 및 학습내용이 전달된다는 것이다.

물음 2 데일의 '경험원추이론'에 기반한 교육매체와 활용방법의 사례 및 그 근거

사례 1. 화재안전교육을 실시하면서 화재발생 추이를 **도표와 차트를 이용**하여 설명하였다. 이는 경험원추이론에서 시각기호에 근거하였다.

사례 2. 심폐소생술 안전교육을 하면서 **심폐소생술 마네킹 앞에서 교관이 직접 심폐소생술을 실시**하고 교육생들이 따라하도록 하였다. 이는 경험원추이론에서 시범에 근거하였다.

사례 3. 어린이 대상 화재안전교육을 실시하면서 학생들과 함께 **소방서에 찾아가서 현장을 직접 보고 경험**하도록 하였다. 이는 경험원추이론에서 견학에 근거하였다.

문제 04 안전해 선생님은 '자연재난안전교육'에 대한 요청을 받았다. 안전교육 전에 점검해야 할 사항을 다섯 가지만 제시하고 각각에 대해 설명하시오.(20점)

문제해설

1. 안전교육 전 점검해야 할 사항

점검사항	Yes	No	비고
대상 파악			유아, 어린이, 청소년, 성인, 장애인
교육주제 선정			[연령별/계층별 교육 프로그램] 표 참고
교육유형 선택			이론교육, 체험학습, 진로·직업, 복합유형
교육 기자재 선정			연기체험 텐트, 119 전화기 키트 등
사용자 매뉴얼 숙지 여부			이동안전체험차량, 제연기 등
교관 편성(적정인원)			교관 1인당 ( )명의 교육생
교관 편성(전담 분야)			주교관 1인 외 ( )명의 보조교관
안전계획 수립 여부			보험, 구급함, 구급차 등
사전 검토회 시행 여부			모든 교관 및 관계자 참석
기타 사항			

2. 안전교육 전 점검사항 설명

① 안전교육 대상을 파악했는가?

자연재난안전교육을 요청한 기관에서 누구를 대상으로 교육을 원하는지에 대해 파악했는지 점검한다.

② 협의를 통해 교육주제를 선정했는가?

자연재난안전교육을 주제로 하는데 특히 어떤 점에 중점을 두어서 교육해야 할지에 대해 점검해야 한다. 연령별, 계층별로 적합한 교육 프로그램을 짜야 한다.

③ 교육유형은 선택하였는가?

자연재난안전교육의 교육유형은 어떤 것으로 할 것인지 선택한다. 이론교육, 지식교육, 태도교육, 반복교육, 복합교육을 적절히 선택하여 효과적인 교육이 이루어지도록 준비한다.

④ 어떠한 교육 기자재를 사용하여 교육할 것인지 선정하였는가?

지진체험실 장비 사용, 소방안전체험관에서 태풍체험 장비 등 선정

⑤ 장비 사용자 매뉴얼은 숙지하였는가?

안전체험실, 이동체험차량 등 장비 사용자 매뉴얼은 잘 숙지하고 있는지 점검한다.

⑥ 교관 1인당 교육생은 몇 명으로 할 것인가?

교관 1인당 몇 명의 교육생이 배정되어야 할지, 주교관 외 보조교관을 몇 명으로 할지 점검한다.

⑦ 안전사고 대비 계획은 포함되어 있는가?

안전사고에 대비하여 보험, 구급차, 구급함 등 안전사고 대비 준비를 하였는지 점검한다.

⑧ 사전 검토회의를 시행하였는가?

모든 교관 및 관계자가 참석하여 사전 검토회의를 시행하였는지 점검한다.

문제 05 소방안전교육사 안전해 선생님은 초등학교 1학년을 대상으로 소방안전교육용 교수지도계획서(교안)를 개발하면서 '체험 중심 수업모형'을 선택하였다. 다음 물음에 답하시오.(30점)

> **물음 1** 안전해 선생님이 '체험 중심 수업모형'을 선택한 근거(이유)를 '강의 중심 수업모형'과 비교하여 논하시오.(20점)
>
> **물음 2** '체험 중심 수업모형'을 실제로 전개하는 과정에서 요구되는 안전해 선생님의 역할에 대해 설명하시오.(10점)

문제해설

물음 1 '체험 중심 수업모형'과 '강의 중심 수업모형'

1. 교수·학습 모형의 종류

- 체험 중심 수업모형 : 역할놀이 수업모형, 실습·실연 수업모형, 놀이 중심 수업모형, 경험학습 수업모형, 모의훈련 수업모형, 현장견학 중심 수업모형, 가정연계학습 수업모형, 표현활동 중심 수업모형
- 탐구 중심 수업모형 : 토의학습 수업모형, 조사·발표 중심 수업모형, 관찰학습 수업모형, 문제해결 수업모형, 집단탐구 수업모형
- 직접교수 중심 수업모형 : 설명(강의) 중심 수업모형, 모델링 중심 수업모형, 내러티브 중심 수업모형

2. 체험(경험)학습 수업모형

- 경험학습 수업모형이란 학생들이 학습대상인 실(reality)에 대해 읽거나 말하거나 듣거나 쓰는 정도에 그치지 않고, 그것과 직접 접하면서 체험을 통해 배우는 교수·학습 방법이다.

- 경험 중심 교수·학습 모형은 학생들에게 적절한 안전과 관련된 경험을 제공함으로써 그들이 안전에 대한 이해와 의식을 갖게 하고 사고와 판단 능력 및 행동실천력을 높이고자 하는 데 그 기본 취지가 있다.
- 이 모형에 따를 때 교사는 학생들이 양질의 경험을 할 수 있는 학습환경을 제공하는 일과 그 경험을 적절히 해석하고 교류하여 일반화시킬 수 있도록 하는 일에 주의를 기울일 필요가 있다.
- 또한 교수·학습 과정에서 단순한 지식이나 정보를 획득하게 하기보다는 안전생활과 관련한 사고 과정을 촉진할 수 있도록 하고, 흥미와 경험을 토대로 학생들이 직접 조작, 활동해볼 수 있는 구체적이고 다양한 자료와 여건을 제공해줌으로써 그들이 공동 작업 활동을 통해 학습을 수행할 수 있도록 하는 것이 중요하다.

3. 설명(강의) 중심 수업모형

- 설명 및 강의 중심의 교육방법은 전통적으로 가장 오래 되고 일반적으로 사용되어온 방법 중 대표적인 것이라고 할 수 있다.
- 대체로 설명/강의법에 대해서는 낡고 비효과적인 방법으로 인식하는 경우가 많다. 오스벨(David P. Ausubel)이 지적한 바와 같이 강의법은 이를 통해서 아이디어나 정보를 의미 있게 효과적으로 제시함으로써 학생들로 하여금 주요 개념이나 원리, 유용한 지식 등을 학습할 수 있는 최선의 기회를 갖게 하며, 학습의 일반성과 명료성 그리고 정밀성에 있어서도 질적으로 월등한 수준에 도달하게 할 수 있다.
- 다만 이렇게 되기 위해서는 강의자가 사전 연구 및 준비를 충분히 하고 목표와 교육내용을 타당하고도 명료하게 체계화시켜 강의의 흐름을 논리적으로 일관성 있게 이끌면서 증거와 예를 충분히 들어 설명하는 등의 능력과 노력을 겸비하고 있어야 한다.
- 동시에 효과적인 안전교육은 학생들의 행동 변화에 중점을 두어야 하므로 설명식의 언어적 강의만으로는 불충분하다.
- 따라서 교사의 직접적인 설명 외에 문답법을 겸하여 상호 간 묻고 답하면서 안전 관련 문제를 집중적으로 추구해 들어가는 과정이 병행되는 것이 바람직하다.

• 교사와 학생 혹은 학생과 학생 간의 문답은 강의(설명)법이나 암송법과 같이 안전과 관련된 지식들을 직접적으로 알려주는 것에 더하여 학생들의 문제의식과 자발적인 사고활동을 자극하고 이를 통해 안전의식을 심화하고 바람직한 태도를 형성하는 데 활기를 줄 수 있다는 장점을 갖고 있다.

4. 체험(경험)학습과 설명(강의) 중심 수업모형의 비교

	체험(경험)학습 수업모형	설명(강의) 중심 수업모형
장점	• 학습자의 능동적 참여가 가능하다. • 학생의 필요와 흥미에 알맞다. • 이론보다 생생한 현장체험을 할 수 있다. • 능동적인 학습태도와 주의력이 요구된다. • 체험을 통해 몸으로 익힐 수 있다. • 체험을 통해 문제해결능력을 기를 수 있다. • 구체적이고 실제적인 교육훈련이 가능하다.	• 시간절약이 가능하다. • 경제적이다. • 요점 반복이 용이하다. • 학습집단의 크기를 융통성 있게 조절할 수 있다. • 교육 준비가 비교적 쉽다. • 학습자에게 기회의 균등성과 일관성을 준다. • 학습자에게 기초적인 지식과 정보 제공이 용이하며, 상이한 경험 및 배경을 가진 학습자에게 모든 사실에 관한 공통적 이해를 증진시킬 수 있다.
단점	• 체험이나 경험에 시간이 많이 소요된다. • 교육 준비가 비교적 어렵다. • 체험(경험)인원이 제한된다. • 체험시설과 설비에 비용이 많이 든다. • 체험방식과 방법에 따라 학습자의 이해도가 달라질 수 있다. • 체계적인 지식과 기능에 상대적으로 소홀하기 쉽다.	• 일방적인 의사소통이 되기 쉽다. • 학습자의 참여가 비교적 적다. • 학습자들이 지루하고 주의력이 결여되기 쉽다. • 수업시간 중에 기억할 수 있는 비율이 낮아서 내용의 암기보다 필기에 그치는 경우가 있다. • 교수자의 능력에 따라 효과에 큰 차이가 나며 권위적이기 쉽다. • 문제해결능력을 기르기 어렵다.

물음 2 **체험 중심 수업모형을 전개하는 과정에서 요구되는 안전해 선생님의 역할**

1. 체험 중심 수업모형에서 안전해 선생님은 학습자 스스로 체험하도록 동기를 부여하고, 적절한 체험이 가능하도록 학습자에게 체험공간과 장비를 제공하여야 하며, 체험수업 전에 충분히 안전수칙을 설명하고 안전하게 체험할 수 있도록 한다.

2. 선정된 단체 혹은 기관과 시간, 장소, 인원, 원하는 교육내용 등 교육일정을 구체적으로 사전에 충분히 협의한다(출장교육 시 변수 요인 고려).

   ① 체험 현장의 사전 답사를 통한 장비의 부서 위치 등 확인

   ② 체험인원의 조별 편성 및 인솔자 지정(학교 등 체험단체의 관계자 지정)

   ③ 체험장 주변 질서유지 및 운영요원의 안내에 따라 이동(오리엔테이션 등)

   ④ 체험 시작 전 인솔자 책임 하에 준비운동 및 개인안전장구(헬멧, 체험복장, 장갑 등) 착용 확인 철저

   ⑤ 체험교육 운영에 따른 협조 당부 및 체험 시 안전상 주의사항 안내

출제 예상문제 및 풀이

<table>
<tr><td>문제
01</td><td>2017년 11월 15일 오후 2시 29분쯤 경북 포항시 북구 북쪽 지점에서 규모 5.4의 지진이 발생하여 118명이 다쳐 치료를 받고, 집이나 도로가 부서져 845억 7,500만 원의 재산 피해가 발생하였다. 이러한 자연재난의 위험 및 심각성을 뒤늦게 깨닫고 A초등학교에서 소방안전교육사 김교육 선생님에게 지진의 대비 및 대처 교육을 요청하였다. 교육 프로그램 1개 차시(40분)의 교수지도계획서를 작성하시오.(30점)</td></tr>
</table>

- 지진이란?
- 지진이 일어났을 때의 현상
- 지진 대피요령

문제 02 A초등학교 학생들은 최근 황사와 미세먼지로 인한 호흡기질환으로 병원치료가 급증했다. 학교에서 소방안전교육사 참맑음 선생님에게 황사와 미세먼지로 인한 안전교육을 요청하였다.

교육 프로그램 1개 차시(40분)의 교수지도계획서를 작성하시오.(30점)

- 미세먼지 & 황사란?
- 미세먼지, 황사의 위험성
- 미세먼지 대처요령

문제 03 A초등학교 김산불 교장 선생님은 최근 호주에서 큰 산불이 나서 이재민이 발생하고 코알라 등 동물들도 많이 죽고 다쳤다는 뉴스를 접하게 되었다. 심각한 산불의 피해를 보면서 학생들에게 산불조심에 관한 안전교육이 필요하다는 생각을 하게 되었다. 이에 소방안전교육사 안나요 선생님에게 산불예방안전교육을 요청하였다.

교육 프로그램 1개 차시(40분)의 교수지도계획서를 작성하시오.(30점)

- 산불은 왜 발생할까?
- 산불예방 행동요령
- 산불발생 시 행동요령

문제 04 A중학교 이소화 교장 선생님은 수업 중 화재 비상벨이 울려서 확인했더니 오작동으로 밝혀졌다. 또한 화재 벨이 울리면 학생들이 대피해야 하는데 하지 않았다. 이에 학생들의 화재 훈련이 부족하며 화재 안전교육이 필요하다는 생각을 하게 되었고, 소방안전교육사 불조심 선생님에게 화재예방안전교육을 요청하였다.

교육 프로그램 1개 차시(40분)의 교수지도계획서를 작성하시오.(30점)

hint
- 화재발생 시 우선 119 신고
- 화재 시 대피요령
- 대피 시 유의할 점
- 119 신고 요령
- 연기가 발생하거나 불이 난 것을 보았을 때 대처요령
- 완강기 사용법
- 소화기 사용법
- 옷에 불이 붙었을 때 대처요령

문제 05 뉴스에 의하면 올해 더위가 일찍 오고 폭염이 기승을 부릴 것이라고 하였다. 이에 노인복지센터의 B원장은 어르신들에게 여름철 폭염 안전교육이 필요하다고 생각하였고, 소방안전교육사 오시원 선생님에게 폭염예방안전교육을 요청하였다.

교육 프로그램 1개 차시(40분)의 교수지도계획서를 작성하시오.(30점)

- 폭염이란?
- 폭염의 위험성
- 평상시 폭염 대비요령
- 무더위 안전상식
- 폭염 경보/주의보 시 행동요령
- 무더위 쉼터 이용방법

문제 06

대형 유통업체인 A마트에서는 매년 소방훈련을 실시하고 있다. 올해는 소방서와 합동 훈련을 실시하였다. A마트의 B점장은 직원들에게 심폐소생술 교육이 필요하다고 느꼈다. 이에 소방안전교육사 나살려 선생님에게 심폐소생술 안전교육을 요청하였다. 교육 프로그램 1개 차시(40분)의 교수지도계획서를 작성하시오.(30점)

hint 전문가가 아닌 일반인이 쉽게 심폐소생술을 배울 수 있도록 하는 교수지도계획서를 작성해야 한다.

- 심폐소생술이 필요한 경우
- 생존사슬이란?
- 성인 심폐소생술 사용 시 자동제세동기 사용법도 같이 교육한다.
- 2015년 일반인 심폐소생술 시 가슴압박소생술만 하도록 권고

문제 07

K고등학교에서 동문 체육대회가 열렸다. 단체달리기 종목에 참가한 40대 중반의 남성이 갑자기 목을 움켜쥐면서 쓰러졌다. 이를 지켜보던 동문 중 소방서 구급대원 B가 있었다. 40대 중반의 남성은 B가 급히 응급처치를 해서 숨을 쉴 수 있었다.

당일 현장에서 이를 목격한 교장 선생님 C는 가슴을 쓸어내렸다. 이를 계기로 K고등학교에서는 응급처치 교육을 강화시켰다. C교장 선생님은 소방안전교육사 D선생님에게 학교 선생님들을 대상으로 기도폐쇄 응급처치 교육을 요청하였다.

교육 프로그램 1개 차시(40분)의 교수지도계획서를 작성하시오.(30점)

hint
- 기도폐쇄가 일어나는 경우
- 기도폐쇄의 일반적 증세
- 유형별 기도폐쇄 응급처치(부분/완전기도폐쇄, 유아 기도폐쇄)

문제 08 소방안전교육사 안전해 선생님은 초등학교 1학년을 대상으로 소방안전교육용 교수지도계획서(교안)를 개발하면서 '역할놀이 수업모형'을 선택하였다. 다음 물음에 답하시오.(30점)

물음 1 안전해 선생님이 '역할놀이 수업모형'을 선택한 근거(이유)를 '토의학습 수업모형'과 비교하여 논하시오.(20점)

물음 2 '역할놀이 수업모형'을 실제로 전개하는 과정에서 요구되는 안전해 선생님의 역할에 대해 설명하시오.(10점)

- 역할놀이는 샤프델 부부(F. Shaftel and G. Shaftel)에 의해 개발된 것으로 학생들이 실제와 비슷한 안전문제 상황과 그 속에서 있을 법한 생각과 행동 그리고 해결방안을 직접 연출하여 보고 느끼면서 안전학습을 해나갈 수 있는 장점이 있다.

- 토의는 집단이 협동적으로 반성적 사고를 통해 문제를 해결할 목적으로 수행하는 공동대화이다. 따라서 토의학습 수업모형은 일종의 집단적 공동사고 학습방법으로서의 특성을 지닌다.

- 안전해 선생님은 아동들에게 가장 필요한 안전교육 내용을 선정하여 이를 역할놀이로 연결하도록 적절한 동기 부여, 자료 제공, 놀이자로서의 참여, 관찰 및 확장 등 직간접적인 역할놀이 안내 등을 제공한다.

문제 09 소방안전교육사 안전해 선생님은 초등학교 1학년을 대상으로 소방안전교육용 교수지도계획서(교안)를 개발하면서 '가정연계학습 수업모형'을 선택하였다. 다음 물음에 답하시오.(30점)

> **물음 1** 안전해 선생님이 '가정연계학습 수업모형'을 선택한 근거(이유)를 '관찰학습 수업모형'과 비교하여 논하시오.(20점)
>
> **물음 2** '가정연계학습 수업모형' 운영 시 안전해 선생님이 중점을 두어야 하는 점을 설명하시오.(10점)

- 가정연계학습 수업모형은 안전생활의 반복 실천과 습관화를 위하여 학교에서의 활동 외에 가정에서의 직접적인 실천과 체험활동의 기회를 부여한다는 중요한 장점이 있다.

- 관찰학습은 교육에 있어 언어주의의 간접적이고 피상적인 한계를 극복하기 위해 대두된 감각적 실학주의에 기반을 둔 것이기도 하다. 따라서 구체성과 지각적 경험을 통한 학습의 내실화를 추구하는 장점이 있다.

- 중점을 둘 점 : 이 모형을 운영할 때는 수업시간에 가족과 함께 실천할 수 있는 과제와 행동요령 등에 대하여 숙지하고 익히도록 한 후 가정연계활동으로 연결하는 접근을 취해볼 수 있다.

문제 10 교수학습법은 세 가지로 탐구 중심 수업모형, 체험 중심 수업모형, 직접교수 중심 수업모형으로 구분된다. 다음 물음에 답하시오.(20점)

물음 1 각 교수학습법에 대해 설명하라.(10점)

물음 2 각 교수법의 종류를 써라.(10점)

• 탐구 중심 수업모형 : 토의학습 수업모형, 조사·발표 중심 수업모형, 관찰학습 수업모형, 문제해결 수업모형, 집단탐구 수업모형

• 체험 중심 수업모형 : 역할놀이 수업모형, 실습·실연 수업모형, 놀이 중심 수업모형, 경험학습 수업모형, 모의훈련 수업모형, 현장견학 중심 수업모형, 가정연계학습 수업모형, 표현활동 중심 수업모형

• 직접교수 중심 수업모형 : 설명(강의) 중심 수업모형, 모델링 중심 수업모형, 내러티브 중심 수업모형

문제 11 소방안전교육사 안전해 선생님은 중학교 1학년생들의 자유학기제 시행에 따라 소방 공무원 직업에 대한 직업교육을 실시하는 교수지도계획서(교안)를 개발하면서 켈러 (Keller)의 동기설계이론을 선택하였다. 다음 물음에 답하시오.(30점)

물음 1 켈러의 동기설계이론의 개념과 특징을 설명하시오.(15점)

물음 2 켈러의 동기설계이론에 근거한 학습동기 유발을 위한 교사의 역할과 내적·외 적 동기 유발 방법을 설명시오.(15점)

- 동기설계이론의 개념 : 학습을 증진시키기 위해서는 학습동기를 유발해야 하는데 이 학습 동기는 주의집중, 관련성, 자신감, 만족감이라는 네 가지 요인의 상호작용에 의해서 증진 된다는 이론이다.
- 학습동기 유발을 위한 교사의 역할 : 명확하고 자세한 교수목표 제시, 성취방법, 보상내용 을 설명, 흥미 유발을 위한 실제의 사건을 제시하고 자기 성적 목표와 경쟁하도록 한다.

문제 12 교수설계모형 중 ADDIE 모형에 대하여 설명하시오.(10점)

hint ADDIE 모형(체제적 교수설계의 기본 모형)

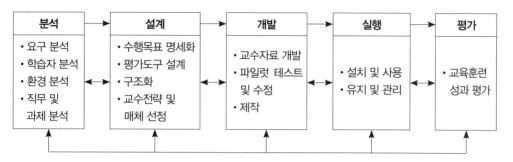

분석	설계	개발	실행	평가

• 요구 분석
• 학습자 분석
• 환경 분석
• 직무 및
  과제 분석
	• 수행목표 명세화
	• 평가도구 설계
	• 구조화
	• 교수전략 및
	  매체 선정
		• 교수자료 개발
		• 파일럿 테스트
		  및 수정
		• 제작
			• 설치 및 사용
			• 유지 및 관리
				• 교육훈련
				  성과 평가

문제 13 안전교육사 안전해 선생님이 중학교 1학년을 대상으로 소화기 사용법에 관한 소방교육을 실시하려 한다. 교수설계모형 중 ADDIE 모형을 적용하려 할 때, 예를 들어 설명하시오.(20점)

hint

• 분석 : 소화기 사용법에 관한 안전교육을 받으려는 의지(요구 분석) 확인

• 설계 : 수업목표 명세화(요구 수준이 수업목표)

• 개발 : 소화기의 내면이 보이도록 폐소화기를 활용하여 수업보조도구 제작

• 실행 : 소화기 사용법에 대한 소방안전교육을 실시

• 평가 : 수업 후 프로그램에 대해 평가하고 원인을 분석

문제 14 소방안전교육사 안전해 선생님이 계절별 재난사고 유형에 따른 안전교육과 시기별 재난사고 안전교육을 실시하려고 한다. 다음 물음에 답하라.(30점)

물음 1 계절별 재난사고 유형에 적합한 소방안전교육은 무엇인지 쓰시오.(10점)

물음 2 시기별 재난사고 유형에 적합한 소방안전교육은 무엇인지 쓰시오.(10점)

물음 3 월별 재난사고 유형에 적합한 소방안전교육은 무엇인지 쓰시오.(10점)

hint 요점 42(71~72쪽)의 내용 참조

- 소방관이라면 재난 발생 시기를 눈 감고도 떠올릴 수 있다.
- 계절별, 시기별, 월별 재난사고를 충분히 숙지해야 한다.

문제 15 소방안전교육사 안전해 선생님은 봄을 맞아 3월 중에 유채꽃 축제에서 소방안전교육을 실시하려는 소방안전교육 계획을 수립하고 있다. 다음 물음에 답하시오.(20점)

물음 1 계절별, 시기별, 월별 재난사고 유형에 적합한 소방안전교육은 무엇인지 간략하게 서술하라.(10점)

물음 2 유채꽃 축제에서 소방안전교육을 실시하기 전에 안전조치 확인사항에 대해 서술하라.(10점)

hint 소방안전교육에서 안전계획 수립, 안전요원 지정 등 안전조치가 우선되어야 한다.

문제 16 소방안전교육사 안전해 선생님은 여름휴가철을 맞이하여 7월 중 소방안전교육을 실시하려는 소방안전교육 계획을 수립하고 있다. 다음 물음에 답하시오.(30점)

물음 1 계절별, 월별 재난사고 유형에 적합한 소방안전교육은 무엇인지 간략하게 서술하라.(10점)

물음 2 유채꽃 축제에서 소아 심폐소생술 소방안전교육을 하려 한다. 적정한 교육인원과 교육 기자재 선정, 교수요원 편성은 어떻게 할 것인지 설명하시오.(20점)

 hint 교수 : 안전요원 : 교육생 = 1 : 3 : 30

문제 17 소방안전교육사 안전해 선생님은 가을을 맞이하여 9월 중 소방안전교육을 실시하려는 소방안전교육 계획을 수립하고 있다. 다음 물음에 답하시오.(30점)

물음 1 계절별, 월별 재난사고 유형에 적합한 소방안전교육은 무엇인지 간략하게 서술하라.(10점)

물음 2 소방안전교육 수행 전 교수요원들 간에 사전 검토회의를 실시하여야 하는데 안전교육 전 점검표의 점검사항에 대해 서술하라.(20점)

hint 교육 전 안전점검 사항 : 대상 파악, 교육주제 선정, 교육유형 선택, 사용자 매뉴얼 숙지 여부, 교관 편성(적정인원, 전담 분야), 안전계획 수립 여부, 사전 검토회의 시행 여부 등

문제 18 소방안전교육사 안전해 선생님은 겨울철 불조심 강조의 달을 맞이하여 11월 중 소방안전교육을 실시하려는 소방안전교육 계획을 수립하고 있다. 다음 물음에 답하시오.(30점)

물음 1 계절별, 월별 재난사고 유형에 적합한 소방안전교육은 무엇인지 간략하게 서술하라.(10점)

물음 2 소방안전교육 이후 안전교육 환류를 통해 교육에 반영하고자 한다. 안전교육 환류 내용은 어떠한 것인지 서술하라.(20점)

• 안전교육 환류 : 교육 우수 사례 및 개선 필요 사례를 발굴하여 향후 교육 시스템 개선에 반영
• 교수요원은 교육 그 자체보다 교육과 사후관리를 통한 안전사고 방지가 더 중요함

문제 19 안전해 선생님은 초등학교 4학년을 대상으로 소방안전교육용 교수지도계획서(교안) 를 개발하면서 '체험 중심 수업모형'을 선택하였다. 다음 물음에 답하시오.(30점)

물음 1 안전해 선생님이 '체험 중심 수업모형'을 근거로 안전체험관에 방문하여 직접 체험교육을 하려고 한다. 출장교육 시 변수 요인으로 고려해야 할 내용에 대해 서술하시오.(15점)

물음 2 안전한 체험교육을 하기 위한 안전대책을 세워야 한다. 고려해야 할 사항들에 대해 설명하시오.(15점)

- 변수 요인
  ① 체험 현장의 사전 답사를 통한 장비 부서 위치 확인
  ② 인원, 오리엔테이션, 개인안전장구 착용, 체험 주의사항 등
- 고려사항 : 안전시설 설치 확인, 안전요원 배치, 무리한 체험 진행 지양 등

문제 **20** 소방안전교육사 안전해 선생님은 안전교육의 표준 과정 절차에 따라 안전교육을 실시하려고 한다. 다음 물음에 답하시오.(20점)

물음 1 안전교육의 표준 절차에 대해 설명하시오.(10점)
물음 2 안전교육 D/B 구축에 필요한 참가자 정보에 대해 설명하시오.(10점)

- 계획, 준비, 진행, 종료, 평가 그리고 환류
- D/B 구축에 필요한 참가자 정보 : ① 성명 ② 성별 ③ 연령 ④ 연락처 ⑤ 교육내용 ⑥ 설문지 작성내용 ⑦ 교육 평가내용 ⑧ 기타

문제 **21** 소방안전교육의 실제 교관으로서 교육생들에게 안전교육을 진행함에 있어 수립, 진행, 종료, 평가에 이르기까지 전반적인 사항에 대해 알고 있어야 한다. 즉, 교수요원의 자질이 요구된다. 다음 물음에 답하시오.(20점)

물음 1 교수요원은 어떠한 용모 및 복장을 갖추어야 하는지 설명하시오.(10점)
물음 2 교수요원의 자세에 대해 설명하시오.(10점)

- 용모 및 복장은 항상 단정하게, 소방안전교육사의 경우 소방안전교육사를 나타내는 표식을 한다.
- 교수요원은 교육장소에 대하여 철저히 파악, 바른 자세를 유지, 피교육자 간 신뢰관계 유지, 시선 처리에 신경을 기울여야 하며, 교육시간 관리에 철저해야 한다.

문제 22 소방안전교육사 안전해 선생님은 초등학교 1학년을 대상으로 화재 시 안전대피 관련 소방안전교육을 실시하려고 한다. 초등학교 저학년 어린이들의 발달특성 및 소방안전교육 활동을 하기 전 유의사항에 대해 설명하시오.(20점)

- 1학년 : 방향감각(동서남북, 좌우)이 불확실하고 참을성과 집중력이 약하다.

- 2학년 : 집단의 규모가 확대되며 간단하고 협동적인 놀이를 즐길 줄 안다.

- 3학년 : 기초적인 논리적 사고가 시작되는 시기이다. 구체적 조작 과정을 머릿속에서 그릴 수 있는 초보적 시기로서 새로운 지식과 개념을 배우고자 하는 열의가 생긴다.

유의사항

① 체험활동 시 1:1 설명에서는 어린이들과 눈높이를 맞추고 설명하면 더 효과적이다.

② 활동자료를 소개할 때는 어린이 전체가 잘 볼 수 있도록 앞에서 들고 설명하거나 어린이들이 잘 볼 수 있는 위치에 놓는다.

③ 간단한 유희나 상상 속의 이야기 같은 내용을 병행해 현실감이 낮고 주의집중력이 약한 저학년 어린이들의 주의집중을 환기시키면서 활동하면 더 효과적이다.

문제 23 소방안전교육사 안전해 선생님은 초등학교 5학년을 대상으로 물놀이 안전교육 관련 소방안전교육을 실시하려고 한다. 초등학교 고학년 어린이들의 발달특성 및 소방안전교육 활동을 하기 전 유의사항에 대해 설명하시오.(20점)

- 4학년 : 또래 집단의 필요성을 알고 만들기 시작하며 사회의 여러 현상에 대해 관심이 많아지고 나름대로 판단해 비판하는 의식도 생긴다.
- 5학년 : 자기 자신에 대해 강한 자긍심을 가지고 있으며 자신이 잘하는 점을 친구들 앞에서 당당하게 자랑한다.
- 6학년 : 수준이 높거나 깊지는 않지만 뉴스나 신문을 보고 사회적으로 비판하고 이유를 가지고 바라보며 자신의 생각을 나름대로 말할 줄 안다.

유의사항

① 간단한 인터넷 검색 및 사전 과제학습을 제시한 후 강의할 수 있다.

② 사회 현상에 대한 관심과 이해도가 높은 시기이므로 현장체험 중심의 실제 화재 사례 및 화재진압 경험담을 들려주며 강의를 하면 반응이 좋다.

③ 활동자료로 개인별 자료가 가장 좋으나 개인별 자료가 없을 때는 모둠(한 모둠당 4~6명 구성)별로 같은 자료를 제시하는 학습 및 모둠별로 각기 다른 자료를 제시하고 활동이 끝나면 모둠끼리 바꿔서 해보는 모둠순환학습도 좋다.

문제 24 국민안전교육은 이론교육에서 단순 체험교육으로 발전되어 지금은 맞춤교육으로 진화되었다. 국민안전교육의 유형도 체험형, 전시형, 참여형, 시범형의 4종으로 구분된다. 각 유형의 종류를 쓰시오.(10점)

hint 요점 57(88쪽) 참조

문제 25 안전이란 '위험하지 않은 것, 마음이 편하고 몸이 안전한 상태'로 정의된다. 바꾸어 말하면 위험을 알아야 안전을 알 수 있다는 의미이다. 안전을 물리적 안전과 심리적 안전으로 구분하고 설명하시오.(10점)

hint 요점 3(22쪽) 참조
물리적 안전과 심리적 안전의 구분, 피해 형태, 확보 방안으로 구분하여 설명한다.

문제 26 사고(재해) 원인의 구성요소와 안전대책에 대해 서술하시오.(10점)

 hint **사고(재해) 원인의 구성요소**

① 불안전 상태는 포함되어 있으나, 불안전 행동은 포함되어 있지 않다.

② 불안전 행동은 포함되어 있으나, 불안전 상태는 포함되어 있지 않다.

③ 양자가 동시에 포함되어 있다.

이 중 대부분의 재해는 ③의 경우에 해당한다.

 문제 27 사고(재해)예방의 원칙에 대해 서술하시오.(10점)

hint 사고예방의 원칙 : 손실 우연의 원칙, 원인 계기의 원칙, 예방 가능의 원칙, 대책 선정의 원칙

 문제 28 사고(재해) 유해 위험요인의 평가와 대책에 대해 서술하시오.(10점)

hint 4M : Man(인적), Machine(기계적), Media(물질 · 환경적), Management(관리적)

문제 29 올슨(Olsen)의 학습경험의 세 측면(4단계)에 대해 서술하시오.(10점)

 hint

• 올슨의 효율적인 학습이론 : 직접 학습. 대리 학습, 상징적 경험에 의한 대리 학습

• 학습 유형 4단계 : 지역사회 경험, 표현적 활동, 시청각 자료, 언어

문제 30 위험관리의 5단계와 그 단계별 대책에 대해 서술하시오.(10점)

 hint

위험관리의 5단계

• 1단계 : 위험원의 제거

• 2단계 : 위험원의 격리

• 3단계 : 위험원의 방호

• 4단계 : 위험원에 대한 인간의 보강

• 5단계 : 위험원에 대한 인간의 적응

문제
31　브루너(Bruner)의 발견학습이론에 대해 서술하시오.(10점)

hint　**브루너의 발견학습이론**

브루너는 피아제의 인지발달이론과 관련하여 어린이는 각 발달단계에 적합한 인지구조가 있음에 기초하여 3단계의 표상 양식, 즉 행동적 표상, 영상적 표상, 상징적 표상을 제안하였다.

문제
32　기능(숙달)교육에서의 기대효과, 체험시설을 활용한 적용 가능한 교육 및 적정한 교육인원에 대해 서술하시오.(10점)

hint　**기능(숙달)교육**

1. 기대효과

　• 안전교육의 이론적인 틀을 벗어나 체험 위주의 살아 있는 교육을 실시할 수 있다.

　• 가상 재난체험을 통해 유사시 재난대처능력 강화와 안전의식을 고취할 수 있다.

2. 체험시설을 활용한 적용 가능 교육인원 : 30명 이내

| 문제 33 | A유치원장은 아이들이 안전하게 생활할 수 있도록 유아들의 안전을 위해 화상에 대해 교육을 하려 한다. 이에 소방안전교육사 김교육 선생님에게 화상 응급처치 교육을 요청하였다. 교육 프로그램 1개 차시의 교수지도계획서를 작성하시오.(30점) |

 유치원 대상으로

- 도입 : 화상안전 동화책을 보면서 뜨거운 물에 화상을 입은 장면을 설명하고 간접경험 나누기

- 전개

  ① 동화책을 보면서 화상을 입은 후 어떻게 해야 하는지 이야기 나누기

  ② 유아들이 한 명씩 손에 화상을 입었을 때 찬물에 대고 식히는 것 해보기

- 정리 : 뜨거운 물에 손을 데었을 경우 비비지 않고 흐르는 차가운 물에 넣고 식힌다는 사실을 다시 확인하기

| 문제 34 | A유치원 선생님 중 한 분의 지인이 화재로 큰 피해를 입었다는 소식을 듣게 되었다. 이에 B유치원장은 유아들 대상의 화재예방 교육의 필요성을 느꼈다. 이에 소방안전교육사 김교육 선생님에게 화재 시 안전하게 대피하는 방법에 관한 교육을 요청하였다. 교육 프로그램 1개 차시의 교수지도계획서를 작성하시오.(30점) |

 유치원 대상으로

- 도입 : 화재를 알려주는 신호에 대해 이야기 나누기

- 전개

  ① 화재 대피 동영상을 시청하고 대처방법 이야기 나누기

  ② 화재 대피훈련을 놀이처럼 하기

문제 35 A중학교 교장 선생님은 최근 인근 중학교에서 화재가 났다는 소식을 듣게 되었다. 이에 소방안전교육사 김교육 선생님에게 화재 대피 소방안전교육을 요청하였다. 교육 프로그램 1개 차시의 교수지도계획서를 작성하시오.(30점)

 중학교 대상의 체험 위주로 작성

- 도입 : 부주의한 화재 동영상 시청/부주의로 인한 화재 간접경험 나누기

- 전개

  ① 사진 속 화재사고의 원인 알아보기

  ② 화재 대처행동 알아보기

  ③ 소화전 사용법

    문을 연다 → 호스를 빼고 노즐을 잡는다 → 밸브를 돌린다 → 불을 향해 쏜다

  ④ 방화문의 용도 : 건물에서 화재가 있을 경우 연기나 불길이 다른 층으로 번지는 것을 막아준다.

문제 36 A유치원장은 최근 잇따른 지진 발생을 경험하면서 지진 대피 교육의 필요성을 느끼게 되었다. 이에 소방안전교육사 김교육 선생님에게 지진 대피 소방안전교육을 요청하였다. 교육 프로그램 1개 차시의 교수지도계획서를 작성하시오.(30점)

• 유아에게는 단순한 내용으로 교육한다.

• 전개

  ① 지진 대처행동에 관한 동영상을 보고 이야기 나누기

  ② 지진이 일어난 상황을 가정하여 실제 훈련해보기

  ③ 지진 대처방법

    가. 지진 시 머리와 몸을 보호하기 위해 탁자나 책상 밑으로 숨는다.

    나. 다른 한 손으로 탁자나 책상의 다리를 잡아서 몸이 미끄러지지 않게 한다.

문제 37 A유치원장은 황사로 유치원생들이 결석을 많이 하게 되었다는 점에 착안하여 황사대처 안전교육의 필요성을 느끼게 되었다. 이에 소방안전교육사 김교육 선생님에게 황사 대비 소방안전교육을 요청하였다. 교육 프로그램 1개 차시의 교수지도계획서를 작성하시오.(30점)

• 예상문제 2 에서 초등학생을 대상으로 황사와 미세먼지 교육을 하였다. 유치원생 대상의 교육에서는 좀 더 간단하고 쉬운 개념과 체험교육으로 구성해야 한다.

• 전개

  ① 황사 관련 동영상을 보며 대처하는 방법 이야기하기

  ② 황사바람이 불고 있다고 가정하고 마스크, 보호안경, 긴소매 옷을 직접 입어보기

  ③ 가정통신문을 통해 황사 대처요령을 가정에서도 실천해보기

문제 38

A중학교 교장 선생님은 필리핀 화재로 섬 전체가 재앙을 겪는 모습을 보고 자연재난 발생에 대한 안전교육의 필요성을 느끼게 되었다. 이에 소방안전교육사 김교육 선생님에게 자연재난 대비 소방안전교육을 요청하였다. 교육 프로그램 1개 차시의 교수지도계획서를 작성하시오.(30점)

- 해외 사례뿐만 아니라 국내 사례도 예를 들어 작성하면 좋다. 최근 일어난 사례를 중심으로 지도계획서를 작성해본다.

- 전개
  ① 자연재난 발생 시 행동요령 : 호우나 태풍, 폭설 등 방송 확인, 집 안전 상태 점검, 함부로 밖에 나가지 않기, 재난 대비 비상물품 준비 등
  ② 재난 안내 시스템 활용하기
  ③ 휴대폰 긴급재난 문자 메시지를 받아본 경험 나누기

문제 39

A유치원장은 체험학습으로 여름철 물놀이장에 가려고 한다. 물놀이를 하기 전에 안전교육의 필요성을 느끼고, 이에 소방안전교육사 김교육 선생님에게 물놀이 안전 소방안전교육을 요청하였다. 교육 프로그램 1개 차시의 교수지도계획서를 작성하시오. (30점)

- 여름철에는 물놀이 안전사고 예방 소방안전교육이 핵심이다.

- 전개
  ① 구명조끼에 대해 설명하기
  ② 안전한 물놀이 물건들에 대해 알아보기
  ③ 물놀이 안전수칙 정하기

문제 40 A초등학교 교장 선생님은 평소 안전한 학교생활을 강조하였다. 선생님은 집에서도 화상 등 안전사고가 빈번하게 일어나는 것이 안타까워 가정에서의 화상 예방을 위한 안전교육의 필요성을 느꼈다. 이에 소방안전교육사 김교육 선생님에게 가정에서의 화상사고 예방을 위한 소방안전교육을 요청하였다. 교육 프로그램 1개 차시의 교수지도 계획서를 작성하시오.(30점)

- 예상문제 33 에서 유치원 대상으로 화상 소방안전교육을 실시하였다. 초등학생 대상의 교육에서는 좀 더 심도 있는 개념과 체험교육으로 구성해야 한다.

- 도입

  ① 화상을 입을 수 있는 물건에는 어떤 것이 있을까?

  ② 화상 입은 친구들의 고통을 이해하고 미리 예방해야 한다는 사실 알려주기

- 전개

  ① 화상 관련 동영상을 보며 대처하는 방법 이야기하기

  ② 화상을 입지 않기 위해 주의해야 할 점은?(뜨거운 물건을 다룰 때 항상 주의한다)

  ③ 화상을 입었을 때 조치사항(상처 부위가 심하지 않으면 찬물에 담가 식힌다)

문제 41 A초등학교 교장 선생님은 인근 초등학교 운동회에서 질식 사건이 있었다는 소식을 듣고, 질식사고 예방을 위한 안전교육의 필요성을 느꼈다. 이에 소방안전교육사 김교육 선생님에게 초등학생을 대상으로 질식사고 대처법에 관한 소방안전교육을 요청하였다. 교육 프로그램 1개 차시의 교수지도계획서를 작성하시오. (30점)

- 지도교육계획서를 작성할 때 활동명, 교육주제, 교육대상, 학습목표, 준비물 그리고 각 단계 (도입, 전개. 정리 및 평가)의 계획서 틀은 눈을 감고도 쓸 수 있도록 해야 한다.

- 예상문제 7 에서 성인 대상 기도폐쇄 소방안전교육을 실시하였다. 이와 비교하여 초등학생을 대상으로 교육을 실시할 때는 응급처치보다는 예방에 중점을 두는 교수지도계획서를 작성해야 한다.

- 전개

  ① 질식사고는 언제 일어날까?(떡, 고구마, 젤리 등을 먹다가)

  ② 질식사고가 일어나지 않게 하려면?(음식을 먹을 때 친구를 놀라게 하는 장난을 하지 않기 등)

  ③ 질식사고가 발생하면?(당황하지 말고 빨리 어른들께 알리거나 119에 신고한다.)

문제 42 A중학교 교장 선생님은 메르스 및 코로나 바이러스 등 호흡기를 통한 감염의 위험성을 경험하면서 중학생들을 대상으로 코로나 바이러스 등 호흡기 관련 안전교육의 필요성을 느꼈다. 이에 소방안전교육사 김교육 선생님에게 호흡기 관련 소방안전교육을 요청하였다. 교육 프로그램 1개 차시의 교수지도계획서를 작성하시오.(30점)

- 최근 코로나 바이러스 등 호흡기 관련 안전교육의 중요성이 커지고 있다. 이와 관련한 교수지도계획서 작성을 어떻게 할지 고민해서 답안을 적어보라.

- 전개

  ① 관련 동영상을 보며 대처방법 이야기하기

  ② 개인위생 수칙 : 흐르는 물에 30초 이상 손 씻기, 기침할 때는 옷소매로, 외출할 때 반드시 마스크하기)

  ③ 감염 의심 시 : 관할 보건소나 1339 상담하기, 선별 진료소 방문

문제 43 A중학교 교장 선생님은 평소 안전교육에 관심이 많았다. 그런데 이웃 중학교에서 학생이 갑자기 쓰러져 병원치료를 받았다는 소식을 접하게 되자 학생들을 대상으로 심폐소생술 교육의 필요성을 느꼈다. 이에 소방안전교육사 김교육 선생님에게 심폐소생술 교육을 요청하였다. 교육 프로그램 1개 차시의 교수지도계획서를 작성하시오.(30점)

- 예상문제 6 에서는 성인 대상으로 심폐소생술 응급처치 소방안전교육을 했고, 이번에는 중학생을 대상으로 한 교육이다. 성인을 교육할 때는 소아 심폐소생술이나 자동심장충격기 사용을 교육하지만, 중학생에게는 기본적인 심폐소생술만 교육하는 것으로 범위를 줄여서 심폐소생 마네킹으로 실습에 중점을 둔다.

- 전개
  ① 심폐소생술이 중요한 이유
  ② 생존사슬에 대하여(목격자가 심폐소생술을 할 때 하지 않는 것보다 생존율이 2~3배 높아짐)
  ③ 2015년 심폐소생술 지침에 의하면 일반인 구조자는 119 구급대원이 도착할 때까지 가슴압박만 하도록 권고하고 있음

문제 44
A씨는 직장 내 안전교육 담당자이다. 여름철 가족여행 시 물놀이로 인해 많은 인명피해가 발생한다는 사실을 알게 되었고, 휴가철을 맞이하여 직원들을 대상으로 물놀이 안전사고 방지 교육의 필요성을 느꼈다. 이에 소방안전교육사 김교육 선생님에게 물놀이 소방안전교육을 요청하였다. 교육 프로그램 1개 차시의 교수지도계획서를 작성하시오.(30점)

- 예상문제 39 에서 유치원 물놀이 안전교육을 하였다. 이번 성인 대상의 교육에서는 물놀이 안전교육 전반에 걸쳐 교육계획안을 작성한다.
- 여름철 계곡, 강, 바닷가 등에서 물놀이 안전사고 방지를 위한 안전수칙 등으로 구성한다.
- 전개
  ① 물놀이 장소에 따른 숨어 있는 위험요소 찾아보기
  ② 물놀이 안전사고 예방수칙 숙지하기
  ③ 물놀이 사고 발생 시 초기 대응요령 알아보기

문제 45 A씨는 직장 내 안전교육 담당자이다. 그는 일상 속에서 일어나는 안전사고 발생 시 조치사항에 대한 교육의 필요성을 느껴 이번 달에는 생활안전교육을 실시하려고 한다. 이에 소방안전교육사 김교육 선생님에게 생활 속 응급처치 소방안전교육을 요청하였다. 교육 프로그램 1개 차시의 교수지도계획서를 작성하시오. (30점)

- 생활 속 응급처치는 큰 사건사고가 아니라 일상에서 경험하는 응급 상황에 대한 응급처치 방법이다. 생활 속의 응급처치는 응급상식이기도 하다.

- 전개
  ① 응급처치의 중요성 알기
  ② 상황별 응급처치 방법 알아보기(갑자기 의식을 잃었을 때, 눈에 이물질이 들어갔을 때 등)
  ③ 상황별 응급처치 방법을 퀴즈 형식으로 진행하여 배우도록 한다.

문제 46 A씨는 직장 내 안전교육 담당자이다. '불조심 강조의 달'을 맞이하여 직원들을 대상으로 화재예방 및 화재발생 시 대처요령에 대한 교육을 실시하고자 한다. 이에 소방안전교육사 박화재 선생님에게 화재예방 및 화재발생 시 대처요령에 대한 소방안전교육을 요청하였다. 교육 프로그램 1개 차시의 교수지도계획서를 작성하시오.(30점)

• 예상문제 22 예상문제 34 에서 화재 관련 문제를 설명하였다. 이번 문항에서는 성인 대상으로 화재예방 및 화재발생 시 대처요령에 대한 교육계획안을 작성한다.

• 전개

① 숨어 있는 위험요소 찾아보기

② 사례별 화재사고 원인 알아보기(전기, 가스, 자동차 화재 등)

③ 사례별 화재사고 예방수칙 알아보기

④ 소화기 사용법, 소화전 사용법 배우기

A중학교에서 자유학기제 시행에 따른 소방관 직업교육을 실시하고자 한다. 교장선생님은 진로탐색시간에 소방관에 대해 소개하기로 하고, 이에 소방안전교육사 김교육 선생님에게 소방관의 사명과 소방정신에 대한 교육을 요청하였다. 교육 프로그램 1개 차시의 교수지도계획서를 작성하시오.(30점)

• 자유학기제에서 소방관 직업에 대해 소개할 때, 소방관의 사명과 소방정신에 대해 소개할 때 유용하다.

• 도입
  ① 홍보 동영상 보여주기
  ② 소방관의 미담 등 이야기하기
  ③ 평소 학생들이 생각하고 있던 소방관 이미지 나누기

• 전개
  ① 우리나라 제복공무원 소개
  ② 소방의 사명과 역할(역사, 119 소방정신 : 명예, 헌신, 봉사, 신뢰, 용기 등)
  ③ 소방제복(정복, 근무복, 방화복 등) 착용 실습

문제 48

A중학교에서 자유학기제 시행에 따른 소방관 직업교육을 실시하고자 한다. 교장 선생님은 진로탐색시간에 소방관 직업체험을 하기로 하고, 이에 소방안전교육사 박소방 선생님에게 구급대원 직업체험교육을 요청하였다. 교육 프로그램 1개 차시의 교수지도계획서를 작성하시오. (30점)

 hint

• 자유학기제에서 진로탐색을 통한 소방공무원의 직업 이해에 대하여 소개할 때 유용하다.

• 전개

   ① 소방공무원 직무 소개

   ② 소방공무원 채용 과정 안내

   ③ 체력검정 실습

   ④ 방화복 입어보기

문제 49

A중학교에서 자유학기제 시행에 따른 소방관 직업교육을 실시하고자 한다. 교장 선생님은 소방관 직업체험 중 구급대원 체험을 시켜보기로 하고, 이에 소방안전교육사 김교육 선생님에게 구급대원 직업체험교육을 요청하였다. 교육 프로그램 1개 차시의 교수지도계획서를 작성하시오. (30점)

 hint

• 자유학기제에서 진로탐색을 통한 소방공무원의 직업 중 구급대원에 대해 소개할 때 유용하다.

• 전개

   ① 장비 사용 및 응급처치 교육

   ② 구급활동 체험(다양한 상황 부여)

   ③ 신속성보다 응급처치 순서와 정확도에 중점을 두고 체험한다.

A중학교에서 자유학기제 시행에 따른 소방관 직업교육을 실시하고자 한다. 교장 선생님은 소방관 직업체험 중 화재진압대원 체험을 시켜보기로 하고, 이에 소방안전교육사 김교육 선생님에게 화재진압대원 직업체험교육을 요청하였다. 교육 프로그램 1개 차시의 교수지도계획서를 작성하시오.(30점)

- 자유학기제에서 진로탐색을 통한 소방공무원의 직업 중 소방(화재진압)대원에 대해 소개할 때 유용하다.

- 전개

  ① 화재진압장비 사용 및 체험 유의사항 교육

  ② 화재진압 체험(방화복 착용, 공기호흡기 착용, 화재진압(방수) 체험)

  ③ 신속성보다 화재진압 순서와 정확도에 중점을 두고 체험한다.

예상문제 풀이 해설 ‹‹‹

문제 01
2017년 11월 15일 오후 2시 29분쯤 경북 포항시 북구 북쪽 지점에서 규모 5.4의 지진이 발생하여 118명이 다쳐 치료를 받고, 집이나 도로가 부서져 845억 7,500만 원의 재산 피해가 발생하였다. 이러한 자연재난의 위험 및 심각성을 뒤늦게 깨닫고 A초등학교에서 소방안전교육사 김교육 선생님에게 지진의 대비 및 대처 교육을 요청하였다. 교육 프로그램 1개 차시(40분)의 교수지도계획서를 작성하시오.(30점)

문제해설

교수지도계획서

활동명	지진이 났어요.
교육주제	지진이 났을 때 어떻게 해야 할까요?
교육대상	□ 유아 ☑ 초등 □ 중등 □ 성인
학습목표	지진에 대비하여 사전 준비와 안전하게 대피하는 방법을 말할 수 있다.
준비물(★)	지진 사진자료, 동영상 자료, 화이트보드판, 보드마카, 지우개, 벨

단계 (시간)	교수·학습 활동	기자재 및 유의점 (Know-How)
도입 (10분)	◆ 지진 관련 동영상 보기 • 지진으로 인해 피해를 입은 뉴스나 신문자료, 동영상을 보여준다. ■ 지진으로 인해 집 안이 흔들린 경험을 해본 사람 있나요?	★ 지진 사진자료, 동영상 자료 • 지진으로 인한 피해 동영상과 사진자료를 참고로 보여준다.

단계 (시간)	교수 · 학습 활동	기자재 및 유의점 (Know-How)
도입 (10분)	◆ **학습문제 제시** • 우리 주변에서 일어날 수 있는 지진으로 인한 재난에 대해 알아보고, 어떻게 사전 준비를 하고 지진이 발생했을 때 안전하게 대피할 수 있는지 알아본다.	• 자유롭게 보고 듣고 경험한 것을 이야기하도록 한다.
전개 (30분)	◆ **지진에 대하여** • 지진이란 무엇일까요? • 지진이란 지구적인 힘에 의하여 땅속의 거대한 암반이 갑자기 갈라지면서 그 충격으로 땅이 흔들리는 현상을 말한다. ◆ **지진, 평소에 이렇게 대비한다** ① 집 안에서의 안전을 확보한다. 　• 탁자 아래와 같이 집 안에서 대피할 수 있는 안전한 대피공간을 미리 파악해둔다. 　• 유리창이나 넘어지기 쉬운 가구 주변 등 위험한 위치를 확인해두고 지진 발생 시 가까이 가지 않도록 한다. 　• 깨진 유리 등에 다치지 않도록 두꺼운 실내화를 준비해둔다. 　• 화재를 일으킬 수 있는 난로나 위험물은 주의하여 관리한다. ② 집 안에서 떨어지기 쉬운 물건을 고정한다. 　• 가구나 가전제품이 흔들릴 때 넘어지지 않도록 고정해둔다. 　• 텔레비전, 꽃병 등 떨어질 수 있는 물건은 높은 곳에 두지 않도록 한다. 　• 그릇장 안의 물건들이 쏟아지지 않도록 문을 고정해둔다. 　• 창문 등의 유리 부분은 필름을 붙여 유리가 파손되지 않도록 한다. ③ 집을 안전하게 관리한다. 　• 가스 및 전기를 미리 점검한다. 　• 건물이나 담장은 수시로 점검하고, 위험한 부분은 안전하게 수리한다. 　• 건물의 균열을 발견하면 전문가에게 문의하여 보수하고 보강한다. ④ 평상시 가족회의를 통하여 위급한 상황에 대비한다. 가스, 전기를 차단하는 방법을 알아둔다. 　• 머물고 있는 곳 주변의 넓은 공간 등 대피할 수 있는 장소를 알아둔다. 　• 비상시 가족과 만날 곳과 연락할 방법을 정해둔다. 　• 응급처치 방법을 반복적으로 훈련하여 익혀둔다.	• 바른 행동과 바르지 않은 행동을 비교하여 방법을 설명해준다. • 호루라기로 지진이 발생했음을 알려주고 아이들이 조심해 대피하게 한다. • 학습지를 나누어서 풀게 하거나 골든벨 놀이를 하는 등 교사가 선택해서 활동하도록 한다.

단계 (시간)	교수·학습 활동	기자재 및 유의점 (Know–How)
전개 (30분)	⑤ 비상용품을 준비하고 보관장소를 알아둔다. • 비상시를 대비하여 비상용품을 준비해두고, 보관장소와 사용방법을 알아둔다. • 지진 발생 시 화재가 발생할 수 있으니 소화기를 준비해두고 사용방법을 알아둔다. ⑥ 지진 정보를 얻을 수 있는 방법을 알아둔다. • 지진 정보를 얻을 수 있는 정부기관의 연락처를 알아둔다. • 정부에서 제공하는 스마트폰 재난정보 애플리케이션을 설치해둔다. ◆ 지진이 발생하면 이렇게 행동한다 ① 튼튼한 탁자 아래에 들어가 몸을 보호한다. • 지진으로 크게 흔들리는 시간은 길어야 1~2분 정도이다. • 중심이 낮고 튼튼한 탁자 아래로 들어가 탁자 다리를 꼭 잡고 몸을 보호한다. • 탁자 아래와 같은 피할 곳이 없을 때에는 방석 등으로 머리를 보호한다. ② 가스와 전깃불을 차단하고 문을 열어 출구를 확보한다. • 흔들림이 멈춘 후 당황하지 말고 화재에 대비하여 가스와 전깃불을 끈다. • 문이나 창문을 열어 언제든 대피할 수 있도록 출구를 확보한다. • 흔들림이 멈추면 출구를 통해 밖으로 나간다. ※ 지진이 발생했을 때 불이 나면 침착하고 빠르게 불을 꺼야 한다. 지진 시에는 도로 손상으로 소방차가 출동하지 못하는 경우가 있으므로 평소에 불을 끄는 방법을 알아두도록 한다. ③ 집에서 나갈 때는 발을 보호할 수 있는 신발을 신고 이동한다. • 지진이 발생하면 유리조각이나 떨어져 있는 물체 때문에 발을 다칠 수 있으니 발을 보호할 수 있는 신발을 신고 이동한다. ④ 계단을 이용하여 밖으로 대피한다. • 지진이 나면 엘리베이터를 타지 말고 계단을 이용하여 건물 밖으로 대피한다. • 밖으로 나갈 때에는 떨어지는 유리, 간판, 기와 등에 주의하며, 소지품으로 몸을 보호하면서 침착하게 대피한다.	★ 화이트보드판, 보드마카, 지우개, 벨 • 골든벨을 울린 아동에게 칭찬 스티커를 주고 박수로 격려한다. ★ 긴급 연락처 • 응급 상황 : 국번 없이 119 • 국내 지진 통보 : 국번 없이 131(기상청)

단계 (시간)	교수 · 학습 활동	기자재 및 유의점 (Know-How)
전개 (30분)	⑤ 건물 담장과 떨어져 이동한다. • 건물 밖으로 나오면 담장, 유리창 등이 파손되어 다칠 수 있으니 건물과 담장에서 최대한 멀리 떨어져 가방이나 손으로 머리를 보호하면서 대피한다. • 빌딩이 많은 도심지에서는 깨진 유리창이나 간판 등이 떨어져 다칠 우려가 있다. 주변에 가까운 공원이나 넓은 공간이 없다면 최근에 지은 튼튼한 건물 안으로 들어가 우선 몸을 보호한다. • 담장이나 전봇대는 지진으로 지반이 약해져 넘어지기 쉬우므로 절대 기대지 말아야 한다. ⑥ 넓은 공간으로 대피한다. • 떨어지는 물건에 주의하며 신속하게 운동장이나 공원 등 넓은 공간으로 대피한다. • 이동할 때는 차량을 이용하지 않고 걸어서 대피한다. ⑦ 올바른 정보에 따라 행동한다. • 대피장소에서는 안내에 따라 질서를 지킨다. • 지진 발생 직후에는 근거 없는 소문이나 유언비어가 유포될 수 있으니 라디오나 공공기관의 안내방송 등이 제공하는 정보에 따라 행동한다. ◆ 대피 시 주의사항 • 화재가 발생하면 손수건 등으로 코와 입을 막은 후 연기를 피하여 최대한 자세를 낮추고 대피한다. • 야간에는 넘어지거나 추락할 위험이 있으니 손전등을 사용하여 조심해서 대피한다. • 겨울철에는 추위로 몸 상태가 나빠질 수 있으니 두꺼운 옷이나 휴대용 난로 등을 준비하여 추위에 대비한 후 대피한다. • 지하 공간에서는 정전 시 벽에 붙어 이동하고 가까운 출입구를 통해 밖으로 나간다. • 끊어진 전선을 비롯한 사고의 위험이 있는 물건은 만지지 않도록 주의한다. • 대피 중에 휴대전화, 이어폰 등을 사용하면 발을 헛디뎌 부상의 위험이 있으므로 사용을 자제한다. • 화장실이나 욕실에 있을 때는 거울이나 전구 등의 파손으로 다칠 수 있으니 나와서 안전한 장소로 이동한다. • 갇혔을 때는 주변의 딱딱한 물건을 이용하여 소리를 내어 구조를 요청한다.	

166

단계 (시간)	교수 · 학습 활동	기자재 및 유의점 (Know-How)
	◆ **대피 후에는 이렇게 행동한다** ① 부상자를 살펴보고 즉시 구조 요청을 한다. 　• 흔들림이 멈춘 후 주변에 부상자가 있으면 이웃과 서로 협력하여 　　응급처치하고 119에 신고한다. ② 주변 피해 상황에 따라 귀가 여부를 결정한다. 　• 지진이 발생하면 통신기기 사용이 폭주하여 일시적인 장애가 발 　　생할 수 있으니 당황하지 말고 라디오 및 주변에 있는 공공기관 　　이 제공하는 정보에 따라 행동한다. ③ 가정이나 사무실로 돌아간 후에는 안전에 유의하여 주변을 확인한다. 　• 가정이나 사무실의 피해 상황을 확인하고, 안전이 의심된다면 전 　　문가의 확인을 받도록 한다. ④ 올바른 정보를 항상 확인한다. 　• 여진이 발생할 수 있으므로 지역방송 등이 제공하는 정보를 확인 　　하고, 대피해야 할 경우에는 지진 국민행동요령에 따른다. 　• 옷장이나 사무실 보관함 등의 내용물이 쏟아져 내려 부상을 입을 　　수도 있으므로 문을 열 때 주의한다. ◆ **골든벨을 울려요! OX 퀴즈** 　• 지진이 났을 때 주의방법 　• 장소에 따른 지진 대피요령	
정리 및 평가 (10분)	■ 지진에 대해 알고 있는가? ■ 지진 발생 시 행동요령을 알고 있는가?	

문제
02
A초등학교 학생들은 최근 황사와 미세먼지로 인한 호흡기 질환으로 병원치료가 급증했다. 학교에서 소방안전교육사 참맑음 선생님에게 황사와 미세먼지로 인한 안전교육을 요청하였다.

교육 프로그램 1개 차시(40분)의 교수지도계획서를 작성하시오.(30점)

 **문제해설**

교수지도계획서

활동명	황사와 미세먼지로 숨쉬기 힘들어요.	
교육주제	황사나 미세먼지가 심할 때 어떻게 해야 할까요?	
교육대상	□ 유아 ☑ 초등 □ 중등 □ 성인	
학습목표	황사나 미세먼지로 숨쉬기 힘들 때 대처하는 방법을 말할 수 있다.	
준비물(★)	사진자료, 동영상 자료, 화이트보드판, 보드마카, 지우개, 벨	
단계 (시간)	교수 · 학습 활동	기자재 및 유의점 (Know-How)
도입 (10분)	◆ 황사나 미세먼지 관련 동영상 보기 • 황사나 미세먼지로 인해 피해를 입은 뉴스나 신문자료, 동영상을 보여준다. ■ 황사나 미세먼지로 인해 기침이 심하여 병원치료를 받아본 사람 있나요? ◆ 학습문제 제시 • 황사나 미세먼지가 심할 때 어떻게 행동해야 하는지 알아본다.	★ 사진자료, 동영상 자료 • 황사나 미세먼지로 인한 피해 동영상과 사진자료를 참고로 보여준다. • 자유롭게 보고 듣고 경험한 것을 이야기하도록 한다.·
전개 (30분)	◆ 황사와 미세먼지란 무엇일까? • '황사'는 중국 내륙 사막지역에서 겨울에 얼어 있던 모래 성분이 따뜻한 봄이 되어 녹아서 강한 바람에 날아오는 자연 현상이다. • 반면 '미세먼지'는 자동차 배기가스, 공장의 대기 배출물, 황사입자 중 작은 것, 가정에서 사용되는 화석연료 등에서 배출되는 인위적인 오염물질이 주요 원인이 된다는 점에서 황사와 차이점이 있다. ■ 황사의 위험성 • 우리의 호흡기, 눈, 피부에만 나쁜 영향을 끼치는 것이 아니다. 뇌와 심장에도 부정적 영향을 줄 가능성이 있다.	• 바른 행동과 바르지 않은 행동을 비교하여 설명해준다. • 호루라기로 미세먼지가 발생했음을 알려주고 아이들이 스스로 대처하도록 한다.

168

단계 (시간)	교수·학습 활동	기자재 및 유의점 (Know-How)
전개 (30분)	■ 미세먼지의 위험성 　• 미세먼지에의 노출은 호흡기 및 심혈관계 질환의 발생과 관련이 있으며, 사망률도 증가시킨다고 한다. 특히 크기가 10마이크로미터 이하의 작은 먼지입자들은 폐와 혈중으로 유입될 수 있기 때문에 큰 위협이 된다. ◆ 황사 & 미세먼지 국민행동요령 　• 어린이, 노인, 폐 및 심장 질환자 등 민감군은 실외활동을 금지한다. 　• 일반인은 장시간 또는 무리한 실외활동을 자제한다. 　• 외출 시 황사(보호) 마스크를 착용(폐기능 질환자는 의사와 충분한 상의 후 사용)한다. 　• 어린이집·유치원·초등학교의 등하교 시간 조정, 수업단축 또는 휴교한다. 　• 중·고등학교는 실외 수업을 금지한다. 　• 공공기관 및 야외 체육시설의 운영을 중단한다. ◆ 골든벨을 울려요! OX 퀴즈 　• 미세먼지가 심할 때 행동요령 　• 장소에 따른 대처요령	• 학습지로 나누어서 풀게 하거나 골든벨 놀이를 하는 등 교사가 선택해서 활동하도록 한다. ★ 화이트보드판, 보드마카, 지우개, 벨 • 골든벨을 울린 아동에게 칭찬 스티커를 주고 박수로 격려한다.
정리 및 평가 (10분)	■ 황사나 미세먼지에 대해 알고 있는가? ■ 황사나 미세먼지 발생 시 대처요령을 알고 있는가?	

PART 1　PART 2　PART 3　부록

PART 3 출제 예상문제 및 풀이　169

문제 03

A초등학교 김산불 교장 선생님은 최근 호주에서 큰 산불이 나서 이재민이 발생하고 코알라 등 동물들도 많이 죽고 다쳤다는 뉴스를 접하게 되었다. 심각한 산불의 피해를 보면서 학생들에게 산불조심에 관한 안전교육이 필요하다는 생각을 하게 되었다. 이에 소방안전교육사 안나요 선생님에게 산불예방안전교육을 요청하였다.

교육 프로그램 1개 차시(40분)의 교수지도계획서를 작성하시오. (30점)

문제해설

교수지도계획서

활동명	산불은 무서워요.	
교육주제	산불이 나면 어떻게 할까요?	
교육대상	□유아 ☑ 초등 □ 중등 □ 성인	
학습목표	산불예방과 산불발생 시 대처요령을 습득하고 말할 수 있다.	
준비물(★)	사진자료, 동영상 자료, 화이트보드판, 보드마카, 지우개, 벨	
단계 (시간)	교수 · 학습 활동	기자재 및 유의점 (Know-How)
도입 (10분)	◆ 산불 관련 동영상 보기 • 산불로 인해 피해를 입은 뉴스나 신문자료, 동영상을 보여준다. ■ 산불로 인해 가족이나 친척이 피해를 입었던 사건을 들은 적이 있나요? ◆ 학습문제 제시 • 산불예방과 산불발생 시 어떻게 행동해야 하는지 알아본다.	★ 사진자료, 동영상 자료 • 산불로 인한 피해 동영상과 사진자료를 참고로 보여준다. • 자유롭게 보고 듣고 경험한 것을 이야기하도록 한다.
전개 (30분)	◆ 산불은 왜 발생할까? • 산불은 자연적 또는 인위적으로 일어날 수 있다. • 자연적으로 일어나는 경우로 벼락 등이 산림에 떨어질 때 발생한다. • 자연적으로 일어나는 경우로 옆 산이 화산이면 화산의 불씨로 인해 발생할 수 있다. • 인간의 부주의로 일어나는 경우로 담배, 향, 논, 밭두렁 소각 등으로 인해 화력이 있는 물질이 산림에 옮겨붙어 발생한다. ◆ 산불 관련 행동요령 ① 산불예방 행동요령 • 산불조심 기간(봄철 : 2.1~5.15/ 가을철 : 11.1~12.15)	• 바른 행동과 바르지 않은 행동을 비교하여 방법을 설명해준다.

단계 (시간)	교수·학습 활동	기자재 및 유의점 (Know-How)
전개 (30분)	• 산행 전에 산림청 홈페이지를 통해 통제되지 않은 출입 가능한 등산로를 확인한다. • 산에는 성냥, 라이터 등 화기물을 가져가지 않고, 담배를 피우지 않는다. • 산에서 취사, 야영을 하지 않는다. • 지정된 야영장과 대피소에만 머문다. ② 산불발생 시 행동요령 • 산불을 발견하면 119에 신고한다. • 초기의 작은 산불은 외투, 나뭇가지 등을 이용해 두드리거나 덮어서 끈다. • 산불의 규모가 커지면 발생 지역에서 멀리 떨어진 안전한 곳으로, 불길을 등지고 바람이 불어오는 방향으로 빨리 대피한다. • 대피할 여유가 없을 때는 낙엽이나 나뭇가지 등이 없는 곳에서 얼굴 등을 가리고 불길이 지나갈 때까지 엎드려 있다. ③ 산불이 주택가로 확산될 경우 대피요령 • 불씨가 집, 창고 등 시설물로 옮겨 붙지 못하도록 집 주위에 물을 뿌려주고, 문과 창문을 닫고 폭발성과 인화성이 높은 가스통, 휘발성 가연물질 등은 제거한다. • 인명 피해가 발생되지 않도록 산불이 발생한 산과 연접·연결된 민가의 주민은 안전한 곳으로 대피해야 한다. • 주민대피령이 발령되면 공무원의 지시에 따라 신속히 대피해야 한다. • 산에서 멀리 떨어진 논, 밭, 학교, 공터, 마을회관 등 안전한 장소로 대피한다. • 혹시 대피하지 않은 사람이 있을 수 있으므로 옆집을 확인하고 위험 상황을 알려준다. • 재난방송 등 산불 상황을 알리는 사항을 집중하여 듣는다. • 산불 가해자를 인지하였을 경우 시·도, 시·군·구 산림부서, 산림관서, 경찰서 등에 신고한다. ◆ 골든벨을 울려요! OX 퀴즈 • 산불발생 시 행동요령 • 장소에 따른 대처요령	• 호루라기로 산불이 발생했음을 알려주고 아이들이 스스로 대처하도록 한다. • 학습지로 나누어서 풀게 하거나 골든벨 놀이를 하는 등 교사가 선택해서 활동하도록 한다. ★ 화이트보드판, 보드마카, 지우개, 벨 • 골든벨을 울린 아동에게 칭찬 스티커를 주고 박수로 격려한다.
정리 및 평가 (10분)	■ 산불에 대해 알고 있는가? ■ 산불예방 및 발생 시 행동요령을 알고 있는가?	

문제 04 A중학교 이소화 교장 선생님은 수업 중 화재 비상벨이 울려서 확인했더니 오작동으로 밝혀졌다. 또한 화재 벨이 울리면 학생들이 대피해야 하는데 하지 않았다. 이에 학생들의 화재 훈련이 부족하며 화재 안전교육이 필요하다는 생각을 하게 되었고, 소방안전교육사 불조심 선생님에게 화재예방안전교육을 요청하였다.

교육 프로그램 1개 차시(40분)의 교수지도계획서를 작성하시오. (30점)

문제해설

교수지도계획서

활동명	불이 나면 안전하게 대피해요.
교육주제	학교에서 불이 나면 어떻게 할까요?
교육대상	□ 유아 □ 초등 ☒ 중등 □ 성인
학습목표	화재예방과 화재발생 시 대처요령을 습득하고 말할 수 있다.
준비물(★)	사진자료, 동영상 자료

단계 (시간)	교수·학습 활동	기자재 및 유의점 (Know-How)
도입 (10분)	◆ 화재 관련 동영상 보기 • 학교 화재로 인해 피해를 입은 뉴스나 신문자료, 동영상을 보여준다. ■ 불이 난 것을 보았거나 화재로 인해 피해를 입었던 적이 있었나요? ◆ 학습문제 제시 • 화재예방과 화재발생 시 어떻게 행동해야 하는지 알아본다.	★ 사진자료, 동영상 자료 • 화재로 인한 피해 동영상과 사진자료를 참고로 보여준다. • 자유롭게 보고 듣고 경험한 것을 이야기하도록 한다.

전개
(30분)
	◆ 화재발생 시 대비요령
	① 우선 건물 밖으로 대피
	  • 자고 있을 때 화재경보가 울리면 불이 났는지 확인하기보다는 소리를 질러 사람들을 깨우고 모이게 한 후 대처방안에 따라 밖으로 대피한다.
	
	② 화재 시 대피방법
	  • 노약자, 호흡기 질환자의 실외활동을 줄이고 외출할 때는 마스크를 착용한다.
		• 바른 행동과 바르지 않은 행동을 비교하여 방법을 설명해준다.

단계 (시간)	교수 · 학습 활동	기자재 및 유의점 (Know-How)
전개 (30분)	• 손등으로 출입문 손잡이를 만져보아 손잡이가 따뜻하거나 뜨거우면 문 반대쪽에 불이 난 것이므로 문을 열지 않는다. • 연기가 들어오는 방향과 출입문 손잡이를 만져보아 계단으로 나갈지 창문으로 구조를 요청할지 결정한다. ③ 대피 시 유의할 점 • 대피할 때는 엘리베이터를 절대 이용하지 않고, 젖은 수건 또는 담요를 활용하여 계단을 통해 밖으로 대피한다. • 세대 밖으로 대피가 어려운 경우 경량 칸막이를 이용하여 이웃집으로 대피하거나 완강기를 이용하여 창문으로 나가는 방법, 실내 대피공간 또는 경량 칸막이를 이용하여 대피하였다가 불이 꺼진 후 나오는 방법 등을 활용한다. ④ 119 신고방법 • 안전하게 대피한 후 119에 신고한다. • 휴대폰이 있어서 신고가 가능하다면 속히 신고한다. 단, 신고하느라 대피시간을 놓치지 않도록 한다. ⑤ 대피 후 인원 확인 • 놀이터 등 사전에 약속한 안전한 곳으로 대피한 후 인원을 확인한다. • 주변에 보이지 않는 사람이 있다면 출동한 소방관에게 알려준다. ◆ 연기 또는 불이 난 것을 보았을 때 대처요령 • 불이 난 것을 발견하면 "불이야!"라고 소리치거나 비상벨을 눌러 주변에 알린다. • 불길이 천장까지 닿지 않은 작은 불이라면 소화기나 물 양동이 등을 활용하여 신속히 끈다. ◆ 완강기 사용법 ① 지지대 고리에 완강기 고리를 걸고 잠근다. ② 지지대를 창 밖으로 밀고 릴(줄)을 던진다. ③ 완강기 벨트를 가슴 높이까지 걸고 조인다. ④ 벽을 짚으며 안전하게 내려간다. ◆ 소화기 사용법 ① 소화기를 가져와서 몸통을 단단히 잡고 안전핀을 뽑는다. ② 노즐을 잡고 불쪽을 향해 가까이 이동한다. ③ 손잡이를 꽉 움켜쥔다. ④ 분말이 불을 덮을 수 있도록 골고루 쏜다.	• 호루라기로 화재가 발생했음을 알려주고 학생들이 스스로 대피훈련을 하도록 한다. • 학습지로 나누어서 풀게 하거나 골든벨 놀이를 하는 등 교사가 선택해서 활동하도록 한다.

단계 (시간)	교수·학습 활동	기자재 및 유의점 (Know-How)
전개 (30분)	◆ 옷에 불이 붙었을 때 대처요령 ① 옷에 불이 붙었을 때는 하던 일을 멈추고, ② 얼굴(눈, 코, 입)에 화상을 입지 않도록 두 손으로 감싼다. ③ 바닥에 엎드린 후 ④ 몸을 뒹굴어서 불이 꺼지도록 한다.	
정리 및 평가 (10분)	■ 화재 시 대피요령에 대해 알고 있는가? ■ 소화기 사용법, 완강기 사용법, 옷에 불이 붙었을 때 행동요령을 알 고 있는가?	

※ 교수지도계획서를 작성할 때 모범답안의 모든 내용을 외워서 쓰기보다는 일부 내용을 자기 것으로
  만들어서 작성하되, 재난 유형에 대한 정의, 재난의 위험성, 대비요령, 행동요령 등은 반드시 추가
  하여 작성한다. 머릿속으로 직접 교육하는 장면을 생각하면서 작성한다면 고득점을 받을 수 있다.

<table>
<tbody>
<tr><td>문제</td><td colspan="2">뉴스에 의하면 올해 더위가 일찍 오고 폭염이 기승을 부릴 것이라고 하였다. 이에 노</td></tr>
</tbody>
</table>

문제 05
뉴스에 의하면 올해 더위가 일찍 오고 폭염이 기승을 부릴 것이라고 하였다. 이에 노인복지센터의 B원장은 어르신들에게 여름철 폭염 안전교육이 필요하다고 생각하였고, 소방안전교육사 오시원 선생님에게 폭염예방안전교육을 요청하였다.

교육 프로그램 1개 차시(40분)의 교수지도계획서를 작성하시오.(30점)

문제해설

교수지도계획서

활동명	폭염 대비 철저히 해야 해요.
교육주제	너무 더워서 힘들면 어떻게 할까요?
교육대상	▢ 유아 ▢ 초등 ▢ 중등 ☒ 성인(노인 : 어르신)
학습목표	폭염 지속 시 대처요령을 습득하고 말할 수 있다.
준비물(★)	사진자료, 동영상 자료

단계 (시간)	교수·학습 활동	기자재 및 유의점 (Know-How)
도입 (10분)	◆ 폭염 관련 동영상 보기 • 폭염으로 인해 피해를 입은 뉴스나 신문자료, 동영상을 보여준다. ■ 너무 더워서 힘들었던 적이 있었나요? ◆ 학습문제 제시 • 폭염 예방과 폭염 발생 시 어떻게 행동해야 하는지 알아본다.	★ 사진자료, 동영상 자료 • 폭염으로 인한 피해 동영상과 사진자료를 참고로 보여준다. • 자유롭게 보고 듣고 경험한 것을 이야기하도록 한다.
전개 (30분)	◆ 폭염이란? • 폭염주의보 : 일 최고 기온 33℃ 이상인 상태가 2일 이상 지속될 것으로 예상될 때 • 폭염경보 : 일 최고 기온 35℃ 이상인 상태가 2일 이상 지속될 것으로 예상될 때 ■ 폭염의 위험성 • 폭염은 열사병, 열경련 등의 온열질환을 유발할 수 있으며, 심하면 사망에 이르게 된다. • 뿐만 아니라 가축·수산물 폐사 등의 재산 피해와 여름철 전력 급증 등으로 생활의 불편을 초래하기도 한다.	• 바른 행동과 바르지 않은 행동을 비교하여 방법을 설명해준다.

단계 (시간)	교수·학습 활동	기자재 및 유의점 (Know-How)
전개 (30분)	• 더위가 잦은 여름철에는 다음 사항을 숙지하여 피해를 사전에 예방할 수 있도록 미리 준비한다. ◆ **폭염 대처방법** ① 평상시 대비요령 • 여름철에는 TV, 라디오, 인터넷 등을 통해 무더위와 관련한 기상상황을 수시로 확인한다. • 열사병 등 온열질환 증상과 가까운 병원 연락처 등을 가족이나 이웃과 함께 사전에 파악하고, 어떻게 조치해야 하는지 알아둔다. • 집에서 가까운 병원 연락처를 알아두고, 본인과 가족의 열사병 등 증상을 확인한다. • 어린이, 노약자, 심뇌혈관 질환자 등 취약계층은 더위에 약하므로 건강관리에 더욱 유의해야 한다. • 폭염 예보에 맞추어 무더위에 필요한 용품이나 준비사항을 가족이나 이웃과 함께 확인하고 정보를 공유한다. • 에어컨, 선풍기 등을 사용할 수 있도록 사전에 정비한다. • 집 안 창문에 직사광선을 차단할 수 있도록 커튼이나 천, 필름 등을 설치한다. • 외출에 대비하여 창이 긴 모자, 햇빛 가리개, 선크림 등 차단제를 준비한다. • 정전에 대비하여 손전등, 비상 식음료, 부채, 휴대용 라디오 등을 미리 확인해둔다. • 단수에 대비하여 생수를 준비해둔다. ② 무더위 안전상식 • 냉방기기를 사용하는 경우에는 실내외 온도차를 5℃ 내외로 유지하여 냉방병을 예방하도록 한다(실내 냉방온도는 26~28℃가 적당). • 무더위에는 카페인이 들어간 음료나 주류는 삼가고, 생수나 이온 음료를 마시는 것이 좋다. • 여름철 오후 2시에서 5시 사이는 가장 더운 시간으로 실외 작업은 되도록 하지 않는다. • 여름철에는 음식이 쉽게 상할 수 있으므로 외부에 오랫동안 방치된 것은 먹지 않는다. ③ 폭염경보/주의보 시 행동요령 • 야외활동을 최대한 자제하고, 외출이 꼭 필요한 경우에는 창이 넓은 모자와 가벼운 옷차림을 하고 물병을 반드시 휴대한다. • 물을 많이 마시고, 카페인이 들어간 음료나 주류는 마시지 않는다.	• 바른 행동과 바르지 않은 행동을 비교하여 방법을 설명해준다. • 어르신들에게 부채를 선물로 드린다.

176

단계 (시간)	교수·학습 활동	기자재 및 유의점 (Know—How)
전개 (30분)	• 냉방이 되지 않는 실내에서는 햇볕을 가리고 맞바람이 불도록 환기를 한다. • 창문이 닫힌 자동차 안에는 노약자나 어린이를 홀로 남겨두지 않는다. • 거동이 불편한 노인, 신체 허약자, 환자 등을 남겨두고 장시간 외출할 경우에는 친인척, 이웃 등에게 부탁하고 전화 등으로 수시로 안부를 확인한다. • 현기증, 메스꺼움, 두통, 근육경련 등의 증세가 보이는 경우에는 시원한 곳으로 이동하여 휴식을 취하고 시원한 음료를 천천히 마신다. ④ 무더위 쉼터 이용 • 외출 중인 경우나 자택에 냉방기가 설치되어 있지 않은 경우 가장 더운 시간에는 인근 무더위 쉼터로 이동하여 더위를 피한다. • 무더위 쉼터는 마을회관, 노인정 등에 설치되는 경우가 많다. 평소에 설치된 곳을 확인해둔다.	
정리 및 평가 (10분)	■ 폭염에 대해 알고 있는가? ■ 폭염 시 대처방법을 알고 있는가?	

문제 06 대형 유통업체인 A마트에서는 매년 소방훈련을 실시하고 있다. 올해는 소방서와 합동 훈련을 실시하였다. A마트의 B점장은 직원들에게 심폐소생술 교육이 필요하다고 느꼈다. 이에 소방안전교육사 나살려 선생님에게 심폐소생술 안전교육을 요청하였다. 교육 프로그램 1개 차시(40분)의 교수지도계획서를 작성하시오.(30점)

문제해설

교수지도계획서

활동명	성인 심폐소생술로 생명을 살리자.
교육주제	갑자기 쓰러져 숨을 못 쉰다면 어떻게 할까요?
교육대상	□ 유아 □ 초등 □ 중등 ☑ 성인
학습목표	심폐소생술 방법을 숙지하고 익숙하게 실시할 수 있도록 한다.
준비물(★)	사진자료, 동영상 자료, 성인용 심폐소생 마네킹(애니), 자동심장충격기(훈련용)

단계 (시간)	교수·학습 활동	기자재 및 유의점 (Know-How)
도입 (10분)	◆ **심폐소생술 관련 동영상 보기** • 심폐소생술로 살아난 경우의 뉴스나 신문자료, 동영상을 보여준다. ■ 심폐소생술을 배운 적이 있거나 직접 심폐소생술을 실시한 적이 있나요? ◆ **학습문제 제시** • 심폐소생술이 무엇이고 어떻게 실시하는지 알아본다.	★ 사진자료, 동영상 자료 • 심폐소생술 관련 동영상과 사진자료를 참고로 보여준다. • 자유롭게 보고 듣고 경험한 것을 이야기하도록 한다.
전개 (30분)	◆ **심폐소생술이 필요한 경우** • 심정지 발생은 예측이 어려우며, 예측되지 않은 심정지의 60~80%는 가정, 직장, 길거리 등 의료시설 이외의 장소에서 발생되므로 심정지의 첫 목격자는 가족, 동료, 행인 등 주로 일반인인 경우가 많다. • 심정지가 발생된 후 4~5분이 경과되면 뇌가 비가역적 손상을 받기 때문에 심정지를 목격한 사람이 즉시 심폐소생술을 시작하여야 심정지가 발생한 사람을 정상 상태로 소생시킬 수 있다. • 119에 신고한 이후에 구급대원이 도착할 때까지 최상의 응급처치는 목격자에 의한 심폐소생술이다. 목격자가 심폐소생술을 시행하는 경우에는 시행하지 않는 경우보다 생존율이 2~3배 높아진다.	

단계 (시간)	교수 · 학습 활동	기자재 및 유의점 (Know—How)

전개
(30분)
	◆ 생존사슬
	• 심정지가 일단 발생되면 환자를 정상으로 회복시키기는 매우 어렵다. 따라서 심정지 발생 가능성이 높은 고위험 환자들은 사전에 의료기관 진료를 받아 심정지 발생을 예방하려는 노력을 우선적으로 시행해야 한다.
	• 심정지가 발생된 경우에는 목격자가 심정지 상태임을 신속하게 인지하고, 즉시 응급의료체계에 신고해야 한다.
	• 신고를 시행한 이후에 목격자는 즉시 심폐소생술을 시작하여야 하며, 심정지 발생을 연락받은 응급의료체계는 신속히 환자 발생 현장에 도착하여 제세동을 포함한 전문소생술을 시행해야 한다.
	• 심정지 환자의 자발순환이 회복된 후에는 심정지 원인을 교정하고 통합적인 심정지 후 치료를 시행하여야 환자의 생존율을 높일 수 있다.
	• 심정지 환자를 소생시키기 위한 이러한 일련의 과정은 사슬과 같이 서로 연결되어 있으므로, 이러한 요소들 중 어느 하나라도 적절히 시행되지 않으면 심정지 환자의 소생을 기대하기 어렵다.
	• 이와 같이 병원 밖에서 심정지가 발생한 환자의 생존을 위하여 필수적인 과정이 서로 연결되어 있어야 한다는 개념을 '생존사슬(chain of survival)'이라고 한다.
	
	◆ 일반인 구조자에 의한 기본 심폐소생술 순서
	① 반응이 없는 환자 발견
	② 119 신고 및 자동제세동기 요청
	  (응급의료전화 상담원의 지시에 따라 행동)
	③ 무호흡 또는 비정상 호흡(심정지 호흡)
	④ (자동심장충격기 도착) 자동심장충격기의 전원을 켜고 음성지시에 따라 행동
	⑤ 심장리듬 분석
	  • 심장충격 필요 : 심장충격 후 2분간 가슴압박소생술 시행
	  • 심장충격 불필요 : 2분간 가슴압박소생술 시행
	
	※ 일반인 구조자에게 가슴압박소생술의 권고
	• 2015년 한국 심폐소생술 지침에서 개정된 점은 119 신고 후 환자의 호흡을 확인한다는 내용이다. 심정지 환자의 반응을 확인하면서 호흡을 확인하는 것이 아니라 반응 확인 및 119 신고 후에 환자의 호흡을 확인하는 것으로 변경되었다.
	• 가슴압박소생술은 심폐소생술 중 인공호흡은 하지 않고 가슴압박만을 시행하는 방법이다.
	• 일반인이 환자를 목격하게 되는 심정지 초기에는 가슴압박소생술을 한 경우와 심폐소생술(인공호흡과 가슴압박)을 한 경우에 생존율의 차이가 없으며, 가슴압박만 시행하더라도 심폐소생술을 전혀 하지 않은 경우보다 생존율을 높일 수 있다고 알려져 있다.
		• 심폐소생술의 바른 행동과 바르지 않은 행동을 비교하여 방법을 설명해준다.
		
		• 심폐소생술을 직접 연습하도록 한다.
		
		★ 성인용 심폐소생 마네킹(애니), 자동심장충격기(훈련용)
		
		※ 일반인이 심폐소생술을 하면 의료법에 저촉되나요?
		• 2008년 선한 사마리아 법이 발효되어 응급상황에서 일반인 목격자가 구조자로서 시행한 응급처치 행위에 대한 법적 책임을 면책해주는 제도가 마련되어 있다.

단계 (시간)	교수 · 학습 활동	기자재 및 유의점 (Know-How)
전개 (30분)	◆ **시범 및 실습하기** • 성인용 심폐소생술 마네킹을 가지고 시범을 보인다. • 한 사람씩 실습을 한다.	
정리 및 평가 (10분)	■ 심폐소생술이 왜 필요한지 알고 있는가? ■ 심폐소생술 순서를 잘 알고 실시할 수 있는가?	

문제
07

K고등학교에서 동문 체육대회가 열렸다. 단체달리기 종목에 참가한 40대 중반의 남성이 갑자기 목을 움켜쥐면서 쓰러졌다. 이를 지켜보던 동문 중 소방서 구급대원 B가 있었다. 40대 중반의 남성은 B가 급히 응급처치를 해서 숨을 쉴 수 있었다.

당일 현장에서 이를 목격한 교장 선생님 C는 가슴을 쓸어내렸다. 이를 계기로 K고등학교에서는 응급처치 교육을 강화시켰다. C교장 선생님은 소방안전교육사 D선생님에게 학교 선생님들을 대상으로 기도폐쇄 응급처치 교육을 요청하였다.

교육 프로그램 1개 차시(40분)의 교수지도계획서를 작성하시오.(30점)

 문제해설

교수지도계획서

활동명	사탕 먹다 목에 걸렸어요.
교육주제	사탕 먹다 목에 걸리면 어떻게 할까요?
교육대상	□ 유아 □ 초등 □ 중등 ☑ 성인
학습목표	이물질에 기도가 막혔을 때 응급처치 방법을 습득하고 응급처치를 할 수 있다.
준비물(★)	사진자료, 동영상 자료

단계 (시간)	교수 · 학습 활동	기자재 및 유의점 (Know−How)
도입 (10분)	◆ 기도폐쇄 관련 동영상 보기 • 기도폐쇄 응급조치로 살아난 경우의 뉴스나 신문자료, 동영상을 보여준다. ■ 기도폐쇄로 인해 가족이나 친척이 살아난 적이 있었나요? ■ 갑자기 목이 막힌 적이 있었나요? ◆ 학습문제 제시 • 기도폐쇄 시 응급처치 방법을 배우고 직접 실습한다.	★ 사진자료, 동영상 자료 • 기도폐쇄 응급처치 동영상과 사진자료를 참고로 보여준다. • 자유롭게 보고 듣고 경험한 것을 이야기하도록 한다.
전개 (30분)	◆ 기도폐쇄가 일어나는 경우 • 주로 식사 도중에 음식물이 목에 걸려 발생하거나 감염 등에 의해 기도세포가 부어올라 기도가 막히는 경우에 생긴다. • 분비물이 과도하게 분비되었을 때, 외상이나 사고에 의해 입 안이 손상되어 부러진 치아가 기도를 막거나 출혈이 일어났을 때, 기도 부위에 심각한 창상이 생겼을 때도 발생할 수 있다.	

단계 (시간)	교수 · 학습 활동	기자재 및 유의점 (Know—How)
전개 (30분)	■ 일반적 증세 • 심한 호흡곤란이 일어나고 호흡을 하기 위해 목이나 배 부위 근육을 사용하게 되며, 기도를 통하는 공기가 감소하기 때문에 피부가 창백해진다. • 호흡을 할 때 쌕쌕거리는 소리가 들리는 등 비정상적인 호흡음이 발생하고, 심한 경우 쇼크를 일으키기도 한다. • 완전기도폐쇄가 일어나면 청색증이 나타나면서 특징적으로 양쪽 손으로 목을 감싸쥐는 '초킹사인(chocking sign)'을 하게 된다. • 부분기도폐쇄가 생기면 환자는 기침을 하면서 말은 하지만 안절부절못하는 모습을 보인다. ◆ 기도폐쇄 응급처치 방법 • 호흡 상태가 정상이고 의식이 있을 때는 계속 기침을 하도록 유도하는데, 그래도 이물질이 나오지 않거나 위험하다고 판단되면 즉시 응급의료체계에 연락을 취해야 한다. • 주의할 점은 이물질을 꺼낼 때는 손가락으로 잡지 말고 손가락 끝으로 훑는 것이 좋다. ■ 유형별 기도폐쇄 응급처치(동영상 시청 후 시범을 보임) • 부분기도폐쇄 ① 하임리히법(상복부압박법)을 시행하는데, 먼저 구조자가 주먹을 쥔 손의 엄지를 환자의 배꼽과 검상돌기 중간에 놓는다. ② 다른 한 손으로 주먹을 쥔 손을 감싸고 빠르게 위로 밀면서 올리는데, 이물질이 나올 때까지 또는 환자가 의식을 잃을 때까지 시행한다. • 완전기도폐쇄 ① 변형된 하임리히법을 시행하는데, 먼저 환자를 바닥에 똑바로 눕힌 다음, ② 구조자는 환자의 허벅지 쪽에 무릎을 꿇고 앉는다. ③ 한 손을 이용해서 환자의 배꼽과 명치 사이에 손을 놓고 위로 젖힌 뒤, ④ 다른 한 손을 포개어 4~5회 빠른 속도로 민다. ⑤ 이 동작을 4~5회 실시한 다음 입 안에서 이물질을 꺼낸다. • 유아 기도폐쇄 ① 먼저 얼굴이 위로 향하도록 하여 한쪽 팔 위에 올려놓고 손으로는 환자의 머리와 목 부분이 고정되도록 잡는다. ② 다른 쪽 손으로는 환자의 턱을 잡고 얼굴이 아래로 향하도록 돌려서 엎드려놓은 후 턱을 잡은 손으로 환자를 받친다.	• 기도폐쇄 시 바른 행동과 바르지 않은 행동을 비교하여 방법을 설명해준다. • 기도폐쇄 시의 행동을 직접 연습하도록 한다.

단계 (시간)	교수·학습 활동	기자재 및 유의점 (Know-How)
전개 (30분)	③ 다른 쪽 손바닥으로 환자의 어깨뼈 사이의 등을 5회 정도 연속해서 두드린다. ④ 다시 앞으로 돌려서 양쪽 가슴선 밑에 두 손가락을 올린다. ⑤ 이 부위를 압박하는데 5회 정도 반복한다. ⑥ 입 안에 이물질이 보이면 제거하고, 없으면 등 두드리기부터 동작을 다시 반복한다. ◆ 시범 및 실습하기 • 기도폐쇄 성인용·영아용 마네킹을 가지고 시범을 보인다. • 한 사람씩 실습을 한다.	
정리 및 평가 (10분)	■ 기도폐쇄가 왜 발생하는지 아는가? ■ 기도폐쇄 유형과 대상에 따른 응급처치 방법을 알고 응급처치를 할 수 있는가?	

소방안전교육사 안전해 선생님은 초등학교 1학년을 대상으로 소방안전교육용 교수지
도계획서(교안)를 개발하면서 '역할놀이 수업모형'을 선택하였다. 다음 물음에 답하시
오.(30점)

[물음 1] 안전해 선생님이 '역할놀이 수업모형'을 선택한 근거(이유)를 '토의학습 수업모
형'과 비교하여 논하시오.(20점)

[물음 2] '역할놀이 수업모형'을 실제로 전개하는 과정에서 요구되는 안전해 선생님의 역
할에 대해 설명하시오.(10점)

문제해설

[물음 1] '역할놀이 수업모형'을 선택한 근거(이유)를 '토의학습 수업모형'과 비교

	역할놀이 수업모형	토의학습 수업모형
교수법	체험 중심 수업모형	탐구 중심 수업모형
내용	1. 학생들이 실제와 비슷한 안전문제 상황과 그 속에 서 있을 법한 생각과 행동, 그리고 해결방안을 직접 연출하고 보고 느끼면서 안전학습을 해나갈 수 있 는 장점이 있다. 2. 학생들의 안전과 관련된 주제를 역할놀이에 적용하 고 이러한 놀이를 통하여 생활 주변에서 부딪치는 여러 위험 상황을 경험해봄으로써 적극적인 대처방 법이나 자발적인 문제해결력을 기를 수 있다. 3. 가르치고자 하는 안전지식과 태도, 기술 등의 반복 적 실시, 실제 위험 상황이 아닌 가상 상황에서의 환경적 효과(예 : 연기 대신 드라이아이스를 사용하 는 것 등)의 극대화와 보다 극적이고 현실감 있는 경험 제공, 물건이나 자료를 다른 대체물(예 : 칼에 베인 것을 소독하는 상황에서 알코올 대신 물을 사 용하는 것 등)로 활용 4. 다양한 상황에서 교육내용의 적절한 변화와 적용	1. 토의는 집단이 협동적으로 반성적 사고 를 통해 문제를 해결할 목적으로 수행 하는 공동대화라고 할 수 있다. 따라서 토의 중심 교수·학습활동은 일종의 집 단적 공동사고의 학습방법이라는 특성 이 있다. 2. 토의활동에서는 이미 제시된 것 또는 잘 알고 있는 것을 단순히 반복하는 것 보다는 아동들이 개인적인 경험과 생각 을 적극적, 창의적으로 표현하도록 하 는 것이 좋다. 3. 토의활동에 가급적 모든 학생들이 참여 할 수 있도록 소집단으로 구성하고, 저 학년 학생들임을 감안하여 비교적 짧은 시간에 특정한 주제에 대해서 집중하여 이야기하도록 하여 몰입도와 응집력을 높이는 것이 바람직하다.

1. 역할놀이 수업모형

- 역할놀이는 샤프텔 부부(F. Shaftel and G. Shaftel)에 의해 개발된 것으로서, 학생들이 실제와 비슷한 안전문제 상황과 그 속에서 있을 법한 생각과 행동, 그리고 해결방안을 직접 연출하고 보고 느끼면서 안전학습을 해나갈 수 있는 장점을 가지고 있다.

- 또한 학생들의 안전과 관련된 주제를 역할놀이에 적용하고 이러한 놀이를 통하여 생활 주변에서 부딪치는 여러 위험 상황을 경험해봄으로써 적극적인 대처방법이나 자발적인 문제해결력을 기를 수 있게 된다.

- 안전교육의 방법은 구체적이고 실제적인 상황에서 실시하여야 교육적 효과가 높다. 이러한 관점에서 아동들에게는 실제 상황과 유사한 모의 상황과 역할놀이를 안전교육에서 활용하는 것이 가장 효과적임을 강조하고 있다.

- 이러한 접근방법이 효과적인 이유는 가르치고자 하는 안전지식과 태도, 기술 등의 반복적 실시, 실제 위험 상황이 아닌 가상 상황에서의 환경적 효과(예 : 연기 대신 드라이아이스를 사용하는 것 등)의 극대화와 보다 극적이고 현실감 있는 경험 제공, 물건이나 자료를 다른 대체물(예 : 칼에 베인 것을 소독하는 상황에서 알코올 대신 물을 사용하는 것 등)로 활용, 그리고 상황에 따른 교육내용의 적절한 변화와 적용 등에서 찾아볼 수 있다.

2. 토의학습 수업모형

- 토의는 집단이 협동적으로 반성적 사고를 통해 문제를 해결할 목적으로 수행하는 공동대화라고 할 수 있다. 따라서 토의학습 수업모형은 일종의 집단적 공동사고의 학습방법으로서의 특성을 지닌다.

- 초등학교 저학년 학생들의 수준에서 토의는 짝 토의, 모둠 토의 등을 통하여 자신이 직간접적으로 경험한 사고나 위험 사례에 대하여 친구들과 이야기를 나누면서 안전사고의 원인과 예방법 등을 탐색해보는 활동으로 이루어질 수 있다.

- 또한 주제에 관련된 안전한 상황과 위험한 경우에 대한 그림자료를 이용하여 짝이나 모둠 친구들과 함께 이야기를 나누는 활동도 해볼 수 있다.

- 토의활동에서는 이미 제시된 것 또는 잘 알고 있는 것을 단순히 반복하는 것보다는 아동들이 개인적인 경험과 생각을 적극적, 창의적으로 표현하도록 하는 것이 좋다. 그리고 토의활동에 가급적 모든 학생들이 참여할 수 있도록 소집단으로 구성하고, 저학년 학생들임을 감안하여 비교적 짧은 시간에 특정한 주제에 대해서 집중하여 이야기하도록 하여 몰입도와 응집력을 높이는 것이 바람직하다.

물음 2) '역할놀이 수업모형'을 전개하는 과정에서 요구되는 안전해 선생님의 역할

- 안전해 선생님은 아동들에게 가장 필요한 안전교육 내용을 선정하여 이를 역할놀이로 연결하도록 적절한 동기 부여, 자료의 제공, 놀이자로서의 참여, 관찰 및 확장 등 직간접적인 역할놀이 안내 등을 제공할 수 있다.
- 예를 들어, 병원 놀이, 소방서 놀이, 119 구조대 놀이, 경찰 놀이 등은 안전교육의 내용을 역할놀이로 확장하기에 적합하다.
- 이러한 놀이 과정에서 특히 아동들이 알아야 할 지식이나 태도, 기능 등을 자연스럽게 학습할 수 있도록 사전에 관련 지식이나 자료 등을 준비하여야 한다.

문제 09 소방안전교육사 안전해 선생님은 초등학교 1학년을 대상으로 소방안전교육용 교수지도계획서(교안)를 개발하면서 '가정연계학습 수업모형'을 선택하였다. 다음 물음에 답하시오.(30점)

물음 1 안전해 선생님이 '가정연계학습 수업모형'을 선택한 근거(이유)를 '관찰학습 수업모형'과 비교하여 논하시오.(20점)

물음 2 '가정연계학습 수업모형' 운영 시 안전해 선생님이 중점을 두어야 하는 점을 설명하시오.(10점)

문제해설

물음 1 '가정연계학습 수업모형'을 선택한 근거(이유)를 '관찰학습 수업모형'과 비교

1. 가정연계학습 수업모형

부모의 안전의식과 태도는 아동들의 안전행동에 가장 크게 영향을 미치는 요인이라는 점에서 효율적인 안전교육을 위한 학교와 가정의 연계지도는 아무리 강조해도 지나치지 않다. 특히 가정 안전에 관한 학습의 경우에는 가정에서 부모와 함께 실천해보면서 배울 수 있도록 하는 접근이 더욱 절실하다.

더욱이 안전행동의 정착과 강화를 위해서는 지속적인 교육과 학습의 기회가 부여되어야 하는데 이러한 점에서 가정연계학습 수업모형은 안전생활의 반복 실천과 습관화를 위하여 학교에서의 활동 외에 가정에서의 직접적인 실천과 체험활동의 기회를 부여한다는 중요한 장점을 지닌다.

바로 이러한 점을 고려하여 가정연계학습 수업모형은 가정과의 연계를 통해 학생들로 하여금 학교에서의 안전교육 활동뿐만 아니라 가정과의 협력을 통하여 안전교육 활동에 참여하게 하고, 그 속에서 직접적인 실천과 체험활동을 경험하게 함으로써 일상생활 속에서 안전한 생활에 관한 지식, 기능, 태도를 심화시키고 생활화하도록 하는 데 중점을 두는 모형이다.

2. 관찰학습 수업모형

관찰학습 수업모형은 구체적이고도 집중적인 지각활동(perceptual activity)을 통해 우리 주위에서 일어나는 여러 위험 상황 내지 요소나 바람직한 안전행동에 대하여 탐구하고 깨우치게 하는 데 중점을 두는 모형이다. 관찰학습은 교육에 있어 언어주의의 간접적이고 피상적인 한계를 극복하기 위해 대두된 감각적 실학주의에 기반을 둔 것이기도 하다. 따라서 구체성과 지각적 경험을 통한 학습의 내실화를 추구하는 장점이 있다.

이러한 관찰학습에 의한 안전교육 지도에서는, 예를 들어 황사나 미세먼지와 같은 자연재난이 발생했을 때의 모습을 통해서 공기의 변화를 관찰하고, 황사나 미세먼지가 발생했을 때 어떻게 대처해야 할지 소집단별로 탐색하는 활동을 전개해볼 수 있다. 또한 어떻게 하면 위험을 예방하거나 피할 수 있는지, 무엇을 어떻게 해야 안전한 행동 내지 생활을 할 수 있는지 등을 확실하게 보고 느끼고 생각하면서 익히도록 할 수도 있다. 물론 관찰을 실시하여 문제를 해결하는 학습에서는 관찰 시 유의할 점을 학생들에게 확실히 알려주어 학생들이 안전한 태도로 관찰하고 탐구할 수 있도록 주의해야 한다.

물음 2) '가정연계학습 수업모형' 운영 시 안전해 선생님이 중점을 둘 점

이 모형을 운영할 때는 수업시간에 가족과 함께 실천할 수 있는 과제와 행동요령 등에 대하여 숙지하고 익히도록 한 후 가정연계활동으로 연결하는 접근을 취해볼 수 있다. 또한 아동의 안전을 위협할 수 있는 여러 가지 요인이나 안전사고 예방방법 등을 부모에게 알려주어 가정에서 아동들이 부모와 함께 생활하면서 학습경험을 쌓아가도록 하여 실제 상황에서 효과적인 안전교육이 이루어지도록 하는 것도 한 방안이 된다.

문제 **10** 교수학습법은 세 가지로 탐구 중심 수업모형, 체험 중심 수업모형, 직접교수 중심 수업모형으로 구분된다. 다음 물음에 답하시오.(20점)

물음 1 각 교수학습법에 대해 설명하라.(10점)

물음 2 각 교수법의 종류를 써라.(10점)

 문제해설

물음 1 교수학습법의 정의

1. 탐구 중심 수업모형

교육자로 하여금 질문을 제기하거나 질문에 대한 해답을 찾아내는 데 필요한 지적 능력과 지적 기능을 개발시켜줄 수 있도록 학생들을 도와줌으로써 학생들의 인과적 추론 능력을 신장시켜주려는 목적을 가진 교수·학습 모형

2. 체험 중심 수업모형

말 그대로 교실을 벗어나 실제의 상황이나 실물을 접하여 참여하고 느끼고 조작해봄으로써 스스로 사고하고 판단하여 주체적이고 종합적인 문제해결능력을 기르는 수업모형이다.

먼저 체험학습의 개념적 어원을 고찰해보면 '체험'이란 경험, 즉 실제로 해보는 활동으로 해석되며, 이때 '경험'이란 '해본다', '겪는다' 등의 행위 과정과 그 결과를 가리키는 말로 이해된다. 즉, 인간의 감각기관인 오감을 통해 외부의 자극을 정보로 받아들이는 과정을 말한다. 따라서 체험 중심 학습모형은 우리가 행위 과정에서 오감을 통하여 직접 경험하고 체험함으로써 지식과 정보를 습득하게 하는 학습모형이라고 할 수 있다.

3. 직접교수 중심 수업모형

이 모형의 목적은 학생이 연습 과제와 기능 연습에 높은 비율로 참여하도록 하기 위해 수

업시간과 자원을 가장 효율적으로 이용하는 데 있다. 이 모형의 핵심은 학생이 교사의 관리하에 가능한 한 많이 연습하고, 교사는 학생이 연습하는 것을 관찰하고 학생에게 높은 비율의 긍정적이고 교정적인 피드백을 제공하는 것이다.

물음 2 교수학습법의 종류

수업모형	종류
탐구 중심 수업모형	토의학습 수업모형, 조사·발표 중심 수업모형, 관찰학습 수업모형, 문제해결 수업모형, 집단탐구 수업모형
체험 중심 수업모형	역할놀이 수업모형, 실습·실연 수업모형, 놀이 중심 수업모형, 경험학습 수업모형, 모의훈련 수업모형, 현장견학 중심 수업모형, 가정연계학습 수업모형, 표현활동 중심 수업모형
직접교수 중심 수업모형	설명(강의) 중심 수업모형, 모델링 중심 수업모형, 내러티브 중심 수업모형

문제 11 소방안전교육사 안전해 선생님은 중학교 1학년생들의 자유학기제 시행에 따라 소방공무원 직업에 대한 직업교육을 실시하는 교수지도계획서(교안)를 개발하면서 켈러(Keller)의 동기설계이론을 선택하였다. 다음 물음에 답하시오.(30점)

> **물음 1** 켈러의 동기설계이론의 개념과 특징을 설명하시오.(15점)
>
> **물음 2** 켈러의 동기설계이론에 근거한 학습동기 유발을 위한 교사의 역할과 내적·외적 동기 유발 방법을 설명시오.(15점)

문제해설

물음 1 켈러의 동기설계이론의 개념과 특징

1. 동기설계이론의 개념

주로 동기의 기대–가치이론에 영향을 받아 개인의 필요, 믿음, 기대가 행동의 선택에 어떤 영향을 미치는가에 관심을 가지고 설계된 것이다. 학습을 증진시키기 위해서는 학습동기를 유발해야 하는데 이 학습동기는 주의집중, 관련성, 자신감, 만족감이라는 네 가지 요인의 상호작용에 의해서 증진된다는 이론이다.

2. 동기설계이론의 특징

학습동기화 모형(ARCS 모형)

① 주의집중(Attention) : 학습동기가 유발·유지되는 필수조건인 호기심, 주의환기, 감각추구 등과 연관

② 관련성(Relevance) : 학습활동이 학습자의 다양한 흥미에 부합되면서 의미 있고 가치 있는 것

③ 자신감(Confidence) : 적정 수준의 도전과 노력에 따라 성공할 수 있다는 신념 – 개인적 학습조절전략, 학습통제전략 적용

④ 만족감(Satisfaction) : 학습자의 노력의 결과가 일치하는 정도 – 피드백 제공, 과제의
  내재적 보상 제공

[물음 2] **켈러의 동기설계이론에 근거한 학습동기 유발을 위한 교사의 역할과 내적·
  외적 동기 유발 방법**

1. 학습동기 유발을 위한 교사의 역할

- 명확하고 자세한 교수목표 제시, 성취방법, 보상내용을 설명, 흥미 유발을 위한 실제
  의 사건을 제시하고 자기 성적 목표와 경쟁하도록 한다.
- 학습내용을 몇 단계로 분할하여 단기 목표로 제시, 선수학습 요소를 확인하고 우선적
  으로 학습해야 할 정보를 제공한다.
- 실현 가능한 목표 성취, 자아효능감을 갖게 해준다.

2. 내적·외적 동기 유발 방법

- 내적동기 유발 방법 : 행동의 전개 자체가 목표인 동기, 학습문제에 대한 호기심 유발,
  성취감, 실패의 경험을 낮아지게 한다.
- 외적동기 유발 방법 : 행동의 목표가 행동 이외의 것, 행동이 수단의 역할을 하는 동
  기, 학습목표를 알게 한다.

<table>
<tr><td>문제
12</td><td>교수설계모형 중 ADDIE 모형에 대하여 설명하시오.(10점)</td></tr>
</table>

문제해설

ADDIE 모형(체제적 교수설계의 기본 모형)

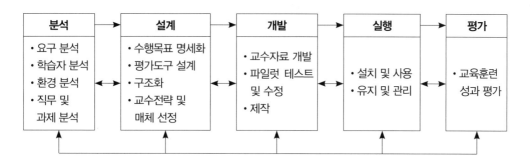

1. 분석(Analysis) : 무엇이 학습될 것인지 결정하는 과정

① 요구 분석 : 수업설계를 할 필요가 있는지 필요성 분석, 학습자의 현재 수준(학습자
분석)과 요구 수준(직무 분석)의 차이가 있으면 필요

② 학습자 분석 : 선수지식 정도, 동기·흥미 유발 정도, 학습자 경험, 학습자들이 선호하
는 교육방법, 학습자의 관심 분야

③ 환경 분석 : 교육이 이루어질 환경(도와줄 자원이 있는지)

④ 직무 분석 : 학습자가 나중에 어떤 직업을 가질 것인가, 그 업무가 요구하는 능력, 미
래 예측 직무, 현재 요구 직무(수업목표 도출)

2. 설계(Design) : 학습이 어떤 방법으로 수행될 것인가를 결정하는 과정

① 수업목표 명세화(요구 수준이 수업목표), 명료·세밀하게 진술(수업내용, 학습자가
보여야 할 행동 – 학습자 행동, 종착점, 상황 조건, 수락 준거, 행동적 용어로 진술)
예) 실물 화상기의 개념을 15자 이내로 쓸 수 있다.
실물 화상기의 기능을 세 가지 이상 쓸 수 있다.

② 평가도구의 개발 : 목표 – 평가는 반드시 대응관계, 목표에 있는 내용만 평가

③ 수업내용 계열화(조직) : 순서를 결정(어려운 것 → 쉬운 것, 선형적/나선형/그물망, 전체 → 부분 등), 내용/시간 세분화, 목적 달성을 위한 내용

④ 전략(방법) & 매체 선정 : 학습자가 선호하는 방법, 수업내용 및 환경에 가장 적합한 매체

- 협의의 교수매체 : 시청각 기재와 교재
- 광의의 교수매체 : 교수목표를 달성하기 위하여 학습자와 교수자 간에 사용되는 모든 수단, 시청각 기재, 교재, 인적자원, 지도 내용, 학습환경, 시설 등 포함

3. 개발(Development) : 분석과 설계 단계에서 결정된 교수목표를 성취하기 위한 학습자료를 저작해내는 과정

① 수업자료 개발 : 해당 학교에서 쓰기 위한 교육과정, 지역에서 쓰기 위한 교육과정, 수업내용을 매체에 담는 것(완성본이 아니라 샘플용, 시험 적용본)

② 형성평가 및 수정 : 예비 적용, 보완

예) 교과서 개발 → 일부분 적용 → 문제점 해결 → 출판(전체 적용)

4. 실행(Implementation) : 지금까지 만들어진 자료를 실제 학습환경에 적용하는 과정

① 설치 및 사용 : 수업 현장에 설치, 교사가 사용

② 유지 및 관리

5. 평가(Evaluation) : 총괄 평가, 교육훈련 성과 평가, 프로그램의 타당성을 결정하는 과정

① 학습자 평가 : 수업목표에 도달했는지, 평가도구 이용

② 프로그램 평가 : 개발한 교육 프로그램이 어떤지, 원인 분석

예) 학습자 전원이 목표를 달성했다면? → 훌륭한 프로그램?/수업내용? 학습량 적정?/수업목표가 낮았는지?

문제
13 안전교육사 안전해 선생님이 중학교 1학년을 대상으로 소화기 사용법에 관한 소방교육을 실시하려 한다. 교수설계모형 중 ADDIE 모형을 적용하려 할 때, 예를 들어 설명하시오.(20점)

문제해설

1. 분석(Analysis)

- 소화기 사용법 안전교육을 받으려는 의지를 확인한다(요구 분석).
- 중학교 1학년생에게 소화기 사용 동기나 흥미 요소를 분석한다(학습자 분석).
- 교육장소가 학교인가? 소방서인가? 체험관인가?(환경 분석)
- 중학교 1학년 자유학기제 직업탐험의 일환인지 아니면 단순히 안전교육 시간인지 파악하여 학습자에게 맞춤형으로 준비한다(직무 분석).

2. 설계(Design)

- 수업목표 명세화(요구 수준이 수업목표)

  예) 소화기의 종류를 세 가지 이상 쓸 수 있다.

  소화기 사용법을 말할 수 있다.
- 수업 이후 중학교 1학년생들의 수업만족도 평가를 위한 조사양식을 만든다.
- 평가도구의 개발 : 목표 – 평가는 반드시 대응관계, 목표에 있는 내용만 평가
- 동영상 준비 : 소화기를 사용해 화재진압한 동영상(시청각 기재와 시청각 교재 준비)

3. 개발(Development)

- 소화기는 어떻게 만들어질까?(흥미를 느끼는 수업자료 개발)
- 소화기의 내면이 보이도록 폐소화기를 활용하여 수업 보조도구 제작

4. 실행(Implementation)

- 지금까지 만들어진 동영상 자료, 폐소화기를 활용한 소화기 등을 가지고 중학교 1학년생을 대상으로 소화기 사용법에 대한 소방안전교육을 실시한다.

5. 평가(Evaluation)

- 수업을 마치고 설문조사를 통해 수업목표에 도달했는지 학생들이 평가한다.
- 소화기 사용법을 교육한 후 안전교육사 스스로 그 프로그램에 대해 평가하고 그 원인을 분석한다.

문제 14 소방안전교육사 안전해 선생님이 계절별 재난사고 유형에 따른 안전교육과 시기별 재난사고 안전교육을 실시하려고 한다. 다음 물음에 답하라.(30점)

> **물음 1** 계절별 재난사고 유형에 적합한 소방안전교육은 무엇인지 쓰시오.(10점)
> **물음 2** 시기별 재난사고 유형에 적합한 소방안전교육은 무엇인지 쓰시오.(10점)
> **물음 3** 월별 재난사고 유형에 적합한 소방안전교육은 무엇인지 쓰시오.(10점)

문제해설

물음 1 **계절별 재난사고 유형에 따른 소방안전교육**

계절별 재난사고 유형은 다음과 같다.

① 봄 : 황사, 산불, 해빙기 사고 등

② 여름 : 물놀이 안전, 풍수해, 태풍, 폭염, 식중독 등

③ 가을 : 야외활동 안전사고 등

④ 겨울 : 빙판 및 얼음 사고, 폭설, 화재 등

따라서 계절별 재난사고 유형에 따라 봄에는 황사, 산불, 해빙기 사고 등 소방안전교육을, 여름에는 물놀이 안전, 풍수해, 태풍, 폭염, 식중독 등 소방안전교육을, 가을에는 야외활동 안전사고 등 소방안전교육을, 겨울에는 빙판 및 얼음 사고, 폭설, 화재 등의 소방안전교육을 실시한다.

물음 2 **시기별 재난사고 유형에 따른 소방안전교육**

시기별 재난사고 유형은 다음과 같다.

① 행사기간 : 행사장, 공연장 안전사고

② 설, 추석 연휴 : 교통사고, 예초기 등 안전사고

③ 농번기 : 농기계 안전사고

④ 지역축제 : 방문의 해, 나비축제, 불꽃축제, 전통축제 시 안전사고

시기별 재난사고 유형에 따라 행사기간에는 행사장, 공연장 안전사고 등 소방안전교육을, 설이나 추석연휴에는 교통사고, 예초기 등 안전사고에 관한 소방안전교육을, 농번기에는 농기계 안전사고에 관한 소방안전교육을, 지역축제(방문의 해, 나비축제, 불꽃축제, 전통축제)에서는 축제 시 안전사고에 관한 소방안전교육을 실시한다.

[물음 3] **월별 재난사고 유형에 따른 소방안전교육**

월별 재난사고 유형은 다음과 같다.

① 1월 : 빙판 안전사고 ② 2월 : 해빙기 안전사고

③ 3월 : 교통사고, 등하굣길 안전사고 ④ 4월 : 황사

⑤ 5월 : 산불 ⑥ 6월 : 폭염

⑦ 7월 : 물놀이 안전사고 ⑧ 8월 : 태풍, 식중독

⑨ 9월 : 동물(뱀) 안전사고 ⑩ 10월 : 야외활동 안전사고

⑪ 11월 : 화재예방(불조심 강조의 달) ⑫ 12월 : 동계 스포츠 안전사고

월별 재난사고 유형에 따라 1월에는 빙판 안전사고, 2월에는 해빙기 안전사고, 3월에는 교통사고, 등하굣길 안전사고, 4월에는 황사 관련, 5월에는 산불, 6월에는 폭염, 7월에는 물놀이 안전사고, 8월에는 태풍, 식중독 관련, 9월에는 동물(뱀) 안전사고, 10월에는 야외활동 안전사고, 11월에는 화재예방(불조심 강조의 달), 12월에는 동계 스포츠 안전사고에 관한 소방안전교육을 실시한다.

문제 15 소방안전교육사 안전해 선생님은 봄을 맞아 3월 중에 유채꽃 축제에서 소방안전교육을 실시하려는 소방안전교육 계획을 수립하고 있다. 다음 물음에 답하시오.(20점)

> **물음 1** 계절별, 시기별, 월별 재난사고 유형에 적합한 소방안전교육은 무엇인지 간략하게 서술하라.(10점)
>
> **물음 2** 유채꽃 축제에서 소방안전교육을 실시하기 전에 안전조치 확인사항에 대해 서술하라.(10점)

문제해설

물음 1 계절별, 시기별, 월별 재난사고 유형에 적합한 소방안전교육

계절별 재난사고 유형에 따라 봄에는 황사, 산불, 해빙기 사고 등 소방안전교육을, 시기별 재난사고 유형에 따라 지역축제(방문의 해, 나비축제, 불꽃축제, 전통축제)에서는 축제 시 안전사고 대비 소방안전교육을, 월별 재난사고 유형에 따라 3월에는 교통사고, 등하굣길 안전사고에 관한 소방안전교육을 실시한다.

물음 2 안전조치 확인사항

• 해당 안전교육 시 발생할 수 있는 안전사고에 대비하여 안전계획을 수립한다.
• 교육 전 검토회의 시 안전요원은 필히 지정하여 배치한다.
• 우천 시 실외 교육은 자제한다.
• 교육 대상자 안전 확보에 최선을 다해야 한다.
• 안전교육을 신청한 단체 및 개인(이하 참가자)에게 주의사항을 전달한다.
• 참가자에 대하여 보험가입 유무 확인 및 보험가입 권장을 할 수 있다.
• 응급처치에 필요한 약품을 준비한다.

- 야외 교육 시 구급차 및 구급대원 배치 여부를 판단한다.
- 체험교육을 실시할 때에는 참가자 서약서를 작성한다.
- 안전교육 실시 전 반드시 참가자 주의사항을 확인한다.

문제 16 소방안전교육사 안전해 선생님은 여름휴가철을 맞이하여 7월 중 소방안전교육을 실시하려는 소방안전교육 계획을 수립하고 있다. 다음 물음에 답하시오.(30점)

물음 1 계절별, 월별 재난사고 유형에 적합한 소방안전교육은 무엇인지 간략하게 서술하라.(10점)

물음 2 유채꽃 축제에서 소아 심폐소생술 소방안전교육을 하려 한다. 적정한 교육인원과 교육 기자재 선정, 교수요원 편성은 어떻게 할 것인지 설명하시오.(20점)

문제해설

물음 1 **계절별, 월별 재난사고 유형에 적합한 소방안전교육**

계절별 재난사고 유형에 따라 여름에는 물놀이 안전, 풍수해, 태풍, 폭염, 식중독 등 소방안전교육을 실시하고, 월별 재난사고 유형에 따라 7월에는 물놀이 안전사고에 관한 소방안전교육을 실시한다.

물음 2 **교육 적정인원 산정, 교육 기자재 선정 및 교수요원 편성**

1. 교육 적정인원 산정

- 해당 안전교육 주제 및 유형별 적정인원을 산정한다.
- 참가인원 적정비율

  예) 체험교육 시 → 교수 : 안전요원 : 교육생 = 1 : 3 : 30

2. 교육 기자재 선정

- 해당 안전교육에 사용되는 기자재를 선정한다.
- 사용되는 기자재의 특성 파악을 위해 '교육장비 사용자 매뉴얼'을 필독한다.
- 교육 기자재 확보는 1인당 1조를 기준으로 한다. 다만 교육내용에 따라 달리 할 수 있다.

3. 교수요원 편성

- 해당 안전교육에 필요한 교수요원을 적정한 인원으로 편성한다.
- 교수요원의 전담 분야를 지정한다.
- 교수요원은 이론과 실기를 담당하는 자로 구성한다.

문제 17 소방안전교육사 안전해 선생님은 가을을 맞이하여 9월 중 소방안전교육을 실시하려는 소방안전교육 계획을 수립하고 있다. 다음 물음에 답하시오.(30점)

> **물음 1** 계절별, 월별 재난사고 유형에 적합한 소방안전교육은 무엇인지 간략하게 서술하라.(10점)
>
> **물음 2** 소방안전교육 수행 전 교수요원들 간에 사전 검토회의를 실시하여야 하는데 안전교육 전 점검표의 점검사항에 대해 서술하라.(20점)

문제해설

물음 1 | 계절별, 월별 재난사고 유형에 적합한 소방안전교육

계절별 재난사고 유형에 따라 가을에는 야외활동 안전사고 등의 소방안전교육을 실시하며, 월별 재난사고 유형에 따라 9월에는 동물(뱀) 안전사고에 관한 소방안전교육을 실시한다.

물음 2 | 교육 전 안전점검표

점검사항	Yes	No	비고
대상 파악			유아, 어린이, 청소년, 성인, 장애인
교육주제 선정			[연령별/계층별 교육 프로그램] 표 참고
교육유형 선택			이론교육, 체험학습, 진로 · 직업, 복합유형
교육 기사재 선정			연기체험 텐트, 119 전화기 키트 등
사용자 매뉴얼 숙지 여부			이동안전체험차량, 제연기 등
교관 편성(적정인원)			교관 1인당 ( )명의 교육생
교관 편성(전담 분야)			주교관 1인 외 ( )명의 보조 교관

점검사항	Yes	No	비고
안전계획 수립 여부			보험, 구급함, 구급차 등
사전 검토회의 시행 여부			모든 교관 및 관계자 참석
기타 사항			

점검사항	Yes	No	비고
대상을 파악했는가? (유아, 어린이, 청소년, 성인, 장애인)			
협의를 통해 교육주제를 선정했는가? (실제)			
교육유형은 선택했는가? (이론교육, 지식교육, 태도교육, 반복교육, 복합유형)			
어떠한 교육 기자재를 사용하여 교육할 것인지 선정했는가?			
장비 사용자 매뉴얼은 숙지했는가?			
교관 1인당 교육생은 ( )명으로 적정한가?			주교관 : ( )명 부교관 : ( )명
안전사고 대비 계획은 포함되었는가? (보험가입 등)			
사전 검토회의를 시행하였는가? (모든 관계자 참석)			
기타 사항			

문제 18 소방안전교육사 안전해 선생님은 겨울철 불조심 강조의 달을 맞이하여 11월 중 소방안전교육을 실시하려는 소방안전교육 계획을 수립하고 있다. 다음 물음에 답하시오.(30점)

[물음 1] 계절별, 월별 재난사고 유형에 적합한 소방안전교육은 무엇인지 간략하게 서술하라.(10점)

[물음 2] 소방안전교육 이후 안전교육 환류를 통해 교육에 반영하고자 한다. 안전교육 환류 내용은 어떠한 것인지 서술하라.(20점)

문제해설

[물음 1] 계절별, 월별 재난사고 유형에 적합한 소방안전교육

계절별 재난사고 유형에 따라 겨울에는 빙판 및 얼음 사고, 폭설, 화재 등의 소방안전교육을 실시하고, 월별 재난사고 유형에 따라 11월에는 화재예방(불조심 강조의 달)에 관한 소방안전교육을 실시한다.

[물음 2] 안전교육 환류

① 교육 종료 후 교수요원은 설문 및 평가 결과를 요약·정리하며, 이를 다음 교육 개선에 반영할 수 있도록 한다.

② 교육 우수 사례 및 개선 필요 사례를 발굴하여 향후 교육 시스템 개선에 반영한다.

③ 교수요원은 다음 사항들을 향후 교육계획에 반영한다.
- 교수방법의 새로운 시도나 제안
- 주요 시책 및 화재 등 재난사고에 대한 예방대책 홍보
- 홍보 안내문 발송, 시청각 자료 및 홍보 간행물 등 제공
- 국민의 안전을 위해 노력하는 다양한 119 활약상 홍보

④ 교수요원은 교육 그 자체보다 교육과 사후관리를 통한 안전사고 방지가 더 중요함을 깊이 인식하고, 교육 후 평가와 사후관리에 만전을 기해야 한다.

문제 19 안전해 선생님은 초등학교 4학년을 대상으로 소방안전교육용 교수지도계획서(교안)를 개발하면서 '체험 중심 수업모형'을 선택하였다. 다음 물음에 답하시오.(30점)

> **물음 1** 안전해 선생님이 '체험 중심 수업모형'을 근거로 안전체험관에 방문하여 직접 체험교육을 하려고 한다. 출장교육 시 변수 요인으로 고려해야 할 내용에 대해 서술하시오.(15점)
>
> **물음 2** 안전한 체험교육을 하기 위한 안전대책을 세워야 한다. 고려해야 할 사항들에 대해 설명하시오.(15점)

문제해설

물음 1 출장교육 시 변수 요인

선정된 단체 혹은 기관과 시간, 장소, 인원, 원하는 교육내용 등 교육일정을 사전에 구체적으로 협의한다(출장교육 시 변수 요인 고려).
① 체험 현장의 사전 답사를 통한 장비의 부서 위치 등 확인
② 체험인원의 조별 편성 및 인솔자 지정(학교 등 체험단체의 관계자 지정)
③ 체험장 주변 질서유지 및 운영요원의 안내에 따라 이동(오리엔테이션 등)
④ 체험 시작 전 인솔자 책임 하에 준비운동 및 개인안전장구(헬멧, 체험복장, 장갑 등) 착

용 확인 철저

⑤ 체험교육 운영에 따른 협조 당부 및 체험 시 안전상 주의사항 안내

물음 2 | 안전대책 시 고려해야 할 사항들

① 현장 상황에 따른 안전시설 설치 확인

   • 고임목 설치, 전도 방지, 매트리스, 현장 안전조치 확인 등

② 체험자에 대한 개인안전장구 등 확인 후 진행

③ 개인안전장구 착용, 안전사고가 우려되는 곳에 매트리스 설치 등 조치 철저

④ 체험교육 시 분야(시설)별 운영요원 담당 책임구역 지정·운영

⑤ 체험장비 및 기자재는 안전기준 초과 사용 금지(안전요원 배치)

   • 허용중량, 사용기간 등 준수(점검 및 정비 철저)

⑥ 체험 중 돌발상황 발생 대비 안전조치 강구

⑦ 체험인원에 맞는 시간·공간 확보로 무리한 체험 진행 지양

⑧ 체험자의 정신·신체적 장애 등이나 장비 고장 징후 발견 시 체험 중지하고, 체험자를 안정시켜 안전한 곳으로 인도 후 구급대원이나 인솔자에게 인계 조치

⑨ 체험 현장에 구급차량 전진 배치

   • 유사시 응급처치 및 긴급이송체제 유지(응급구조사 등 전문인력 배치 활용)

 **20** 소방안전교육사 안전해 선생님은 안전교육의 표준 과정 절차에 따라 안전교육을 실시하려고 한다. 다음 물음에 답하시오.(20점)

물음 1 안전교육의 표준 절차에 대해 설명하시오.(10점)

물음 2 안전교육 D/B 구축에 필요한 참가자 정보에 대해 설명하시오.(10점)

문제해설

물음 1 **안전교육의 표준 절차**

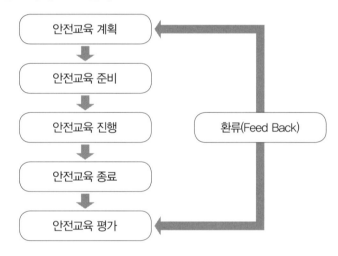

물음 2 **안전교육 D/B 구축에 필요한 참가자 정보**

- 교육 참가자의 현황 파악 및 교육 참고자료의 활용, 이수증 발급 등을 위해 D/B를 구축해야 한다.
- 개인정보 보호를 위해 최소화하고 보관기간을 정해 기간 경과 시 파기하도록 한다.
- D/B 구축에 필요한 참가자 정보
  ① 성명 ② 성별 ③ 연령 ④ 연락처 ⑤ 교육내용 ⑥ 설문지 작성내용 ⑦ 교육 평가내용
  ⑧ 기타

문제 21 소방안전교육의 실제 교관으로서 교육생들에게 안전교육을 진행함에 있어 수립, 진행, 종료, 평가에 이르기까지 전반적인 사항에 대해 알고 있어야 한다. 즉, 교수요원의 자질이 요구된다. 다음 물음에 답하시오. (20점)

물음 1 교수요원은 어떠한 용모 및 복장을 갖추어야 하는지 설명하시오. (10점)
물음 2 교수요원의 자세에 대해 설명하시오. (10점)

문제해설

물음 1 **교수요원의 용모 및 복장**

① 교수요원의 용모 및 복장은 항상 단정해야 한다.

② 교수요원은 교육 시작 전 용모 및 복장을 확인하는 습관을 갖는다.

③ 긴 머리는 묶거나 흘러내리지 않도록 한다. 수염은 깨끗이 깎도록 한다.

④ 교수요원의 복장은 구김이나 색상의 탈색 등 지저분하지 않도록 관리에 철저를 기한다.

⑤ 교수요원임을 나타내기 위해 별도의 흉장 또는 표식을 한다.

⑥ 소방안전교육사의 경우 소방안전교육사를 나타내는 표식을 한다.

물음 2 **교수요원의 자세**

① 교수요원은 교육장소에 대하여 철저히 파악해야 한다.

　• 위험요소, 교육계획과의 적합성, 준비된 교안과의 일치 여부, 조명시설, 스크린 위치, 마이크 사용 여부 등

② 교수요원은 부드러우면서도 자신이 넘치는 인상을 주도록 한다.

③ 교수요원은 교육활동에 있어서 바른 자세를 유지하여야 한다.

　• 자연스러운 몸가짐, 밝은 표정

- 시정해야 할 자세 : 양손으로 교탁을 잡고 상체를 굽힌 자세, 팔꿈치로 교탁에 의지한 자세, 호주머니 입수 자세, 팔짱을 낀 자세, 손을 허리춤에 낀 자세
- 상황에 적합한 제스처, 자기도 모르게 나오는 버릇(말버릇, 몸버릇)의 통제

④ 교수요원은 시선 처리에 신경을 기울여야 한다.

- 피교육생의 마음을 읽는다, 부드럽게 응시한다, 보는 각도를 넓게 한다.

⑤ 교수요원은 마이크 사용법을 알고 있어야 한다.

- 입에 마이크를 너무 가까이 하여 숨소리까지 나오지 않게 한다.

⑥ 교수요원은 교육시간 관리에 철저해야 한다.

- 시간 초과는 금물, 시간이 부족하지 않게 내용 분배, 항상 시간을 의식하며 강의할 것

⑦ 교수요원은 피교육생에게 신뢰감을 줄 수 있도록 노력해야 한다.

- 폭넓은 지식 구비, 밝은 표정, 쉬운 말로 표현할 것
- 요점정리, 지나친 자신감 자제, 잔재주를 피우지 말 것

문제 22 소방안전교육사 안전해 선생님은 초등학교 1학년을 대상으로 화재 시 안전대피 관련 소방안전교육을 실시하려고 한다. 초등학교 저학년 어린이들의 발달특성 및 소방안전교육 활동을 하기 전 유의사항에 대해 설명하시오.(20점)

문제해설

1. 초등학교 저학년 어린이들의 발달특성

학년	비고
1학년	• 현실감각이 떨어지고, 구체적인 조작활동을 할 때 인지력이 높아진다. • 이야기 속 상황을 매우 현실감 있게 받아들인다. • 방향감각(동서남북, 좌우)이 불확실하고 참을성과 집중력이 약하다. • 자기 입장에서 이야기하므로 성급하게 아이들의 말과 행동을 판단하거나 결정지으려고 하면 안 된다.
2학년	• 감정 위주로 행동하며 집단의식이 낮고 손해보려고 하지 않는다. • 행동은 개인적이지만 사회의 요구를 이해하기 시작한다. • 놀이집단의 규모가 확대되며 간단하고 협동적인 놀이를 즐길 줄 안다. • 정서의 지속시간이 짧고 강렬하며 자주 변하므로 한 가지 작업에 오래 열중하지 못한다.
3학년	• 생각하고 서로 협동하는 활동보다는 모둠별 퀴즈대회, 발표대회 등 재미있고 놀이적인 활동에 더 관심을 보인다. • 기초적인 논리적 사고가 시작되는 시기이다. 구체적 조작 과정을 머릿속에서 그릴 수 있는 초보적 시기로서 새로운 지식과 개념을 배우고자 하는 열의가 생긴다. • 시공간에 대한 구별이 존재함을 인식하고 이를 구별하려 애쓴다.

2. 초등학교 저학년 어린이들과 활동하기 전 유의사항

• 체험활동 시 1 : 1 설명에서는 어린이들과 눈높이를 맞추고 설명하면 더 좋다.

• 활동자료를 소개할 때는 어린이 전체가 잘 볼 수 있도록 앞에서 들고 설명하거나 어린이들이 잘 볼 수 있는 위치에 놓는다.

• 언어 사용 시 '~해보세요, 같이 해봅시다' 등의 용어를 사용한다.

• 간단한 유희나 상상 속의 이야기 같은 내용을 병행해 현실감이 낮고 주의집중력이 약

한 저학년 어린이들의 주의집중을 환기시키면서 활동하면 더 효과적이다.

• 교사가 아닌 분이 강사라면 활동 상황이나 내용을 설명할 때 전문적인 용어 사용보다는 어린이들이 이해 가능한 쉬운 용어를 사용하며, 쉽게 설명한다고 생각해도 설명을 하다 보면 전문적인 내용으로 빠져들기 쉬우므로 주의한다.

• 활동자료는 개인별 자료가 가장 좋고, 개인별 자료가 없을 때는 모둠(한 모둠당 4명 구성이 좋음)별로 자료를 제시해서 활동하게 한다.

• 어린이들에게 활동자료를 배부할 경우 미리 자료에 대한 주의사항을 설명한 후 배부하고, 사용 설명은 자료 배부 후 어린이들이 갖고 있는 상태에서 한다.

• 활동 시작 전에 어린이 전체가 주의집중하도록 흥미를 유발하면 더 좋다.

• 가능하면 이론보다는 체험 중심의 구체적인 자료가 있는 활동이 좋고, 항상 강사의 지시 후에 어린이들이 어떤 반응을 나타낼지를 예측해보고 지도한다.

소방안전교육사 안전해 선생님은 초등학교 5학년을 대상으로 물놀이 안전교육 관련 소방안전교육을 실시하려고 한다. 초등학교 고학년 어린이들의 발달특성 및 소방안전교육 활동을 하기 전 유의사항에 대해 설명하시오.(20점)

문제해설

1. 초등학교 고학년 어린이들의 발달특성

학년	비고
4학년	• 또래 집단의 필요성을 알고 만들기 시작하며, 사회의 여러 현상에 대해 관심이 많아지고 나름대로 판단해 비판하는 의식도 생긴다. • 가공의 세계와 현실 세계에 대한 구별을 확실히 한다. • 어른들의 행동에 대해 비판적 관점을 가지기 시작하고 확실한 근거를 요구하기도 한다. • 남자아이들은 활발하게 움직이는 운동을 즐겨 하고, 여자아이들은 움직이는 것을 귀찮게 생각하고 싫어한다.
5학년	• 자기 자신에 대해 강한 자긍심을 가지고 있으며 자신이 잘하는 점을 친구들 앞에서 당당하게 자랑한다. • 유머나 개그 표현을 즐기며 이성 교제나 연예인에 관심이 많고, 키가 작은 아이는 약간의 열등감을 갖기 시작하는 모습이 보인다. • 옳고 그름에 대한 분별력이 거의 완벽하게 갖추어져 있고 자신의 주장에 대한 적절한 근거를 들 줄 알지만, 자기가 잘못한 것을 알면서도 끝까지 인정하지 않고 버티는 모습을 보이기도 한다.
6학년	• 수준이 높거나 깊지는 않지만 뉴스나 신문을 보고 사회적으로 비판하고 이유를 가지고 바라보며 자신의 생각을 나름대로 말할 줄 안다. • 비판의식 및 또래의 집단의식이 강해지고 또래 집단 내에서 힘에 의해 우열 순위가 결정되며 그 결정을 모두가 무리 없이 받아들인다. • 발표를 해야 하거나 앞에 나서서 무언가를 해야하는 경우 주변을 많이 의식하여 더 잘하려고 하거나 괜히 더 부끄러워 앞에 나서는 것을 꺼리는 행동으로 나타난다.

2. 초등학교 고학년 어린이들과 활동하기 전 유의사항

• 간단한 인터넷 검색 및 사전 과제학습을 제시한 후 강의할 수 있다.

• 사회 현상에 대한 관심과 이해도가 높은 시기이므로 현장체험 중심의 실제 화재 사례

및 화재진압 경험담을 들려주며 강의를 하면 반응이 좋다.

• 활동자료는 어린이 전체가 잘 볼 수 있도록 앞에서 들고 설명하거나 어린이들이 잘 볼 수 있는 위치에 놓고 '~해봅시다, 같이 해보자' 등의 용어를 사용한다.

• 교사가 아닌 분이 강사라면 활동 상황이나 내용을 설명할 때 전문적인 용어 사용보다는 어린이들이 이해 가능한 쉬운 용어를 사용한다. 쉽게 설명한다고 생각해도 설명을 하다 보면 전문적인 내용으로 빠져들기 쉬우므로 주의한다.

• 활동자료는 개인별 자료가 가장 좋으나 개인별 자료가 없을 때는 모둠(한 모둠당 4-6명 구성)별로 같은 자료를 제시하는 학습 및 모둠별로 각기 다른 자료를 제시하고 활동이 끝나면 모둠끼리 바꿔서 해보는 모둠순환학습도 좋다.

• 어린이들에게 활동자료를 배부할 경우 미리 자료에 대한 주의사항을 설명한 후 배부하고, 사용 설명은 자료 배부 후 어린이들이 자료를 갖고 있는 상태에서 한다.

• 어린이 각자의 생각을 발표하게 하거나 모둠 토의를 통해 생각을 수렴하는 활동도 좋으나 강사의 지시 후에 어린이들이 어떤 반응을 나타낼지를 예측해보고 지도한다.

문제 24 국민안전교육은 이론교육에서 단순 체험교육으로 발전되어 지금은 맞춤교육으로 진화되었다. 국민안전교육의 유형도 체험형, 전시형, 참여형, 시범형의 4종으로 구분된다. 각 유형의 종류를 쓰시오.(10점)

문제해설

국민안전교육의 유형

유형	비고
체험형(6종)	소방차 탑승, 소화기 사용법, 연기 대피 체험, 심폐소생술, 방수 체험
전시형(3종)	현장활동 사진 전시회, 소방장비 전시회, 동영상 시청
참여형(4종)	캐릭터 사진 찍기, 소방동요·웅변 대회, 그림 그리기
시범형(3종)	소방관서 인명구조·응급처치·화재진압 시범

문제 25 안전이란 '위험하지 않은 것, 마음이 편하고 몸이 안전한 상태'로 정의된다. 바꾸어 말하면 위험을 알아야 안전을 알 수 있다는 의미이다. 안전을 물리적 안전과 심리적 안전으로 구분하고 설명하시오.(10점)

문제해설

안전의 구분 및 설명

구분		피해 형태	확보 방안	비고
안전	물리적 안전	• 부상, 사망 등 신체적 피해 • 건물 파손, 소실 등 물적재산 피해 • 통신 마비, 경제 파급 등 사회적 비용 손실	• 기술적 보완 • 제도적 보완	
	심리적 안전	• 인간의 심리적 불안정	• 기술적 보완 • 제도적 보완 • 안전교육 홍보 • 사회적 안정성 확보 등	물리적 안전보다 요구 수준이 높기 때문에 비용 및 노력이 매우 많이 요구됨

문제 26 사고(재해) 원인의 구성요소와 안전대책에 대해 서술하시오.(10점)

문제해설 💡

사고(재해) 원인의 구성요소와 안전대책

1. 산업재해는 대부분 불안전 상태에 불안전 행동이 겹쳤을 때 빌생

발생된 산업재해의 91%의 정도는 그 재해 원인의 구성요소 가운데 불안전 상태라고 하는 재해 요인을 포함하며, 동일 재해에 대하여 96% 정도가 그 재해 원인의 구성요소 가운데 불안전 행동이라고 하는 재해 요인을 포함하고 있음을 재해 관련 통계에서 찾아볼 수 있다.

2. 사고(재해) 원인의 구성요소

① 불안전 상태는 포함되어 있으나, 불안전 행동은 포함되어 있지 않다.

② 불안전 행동은 포함되어 있으나, 불안전 상태는 포함되어 있지 않다.

③ 양자가 동시에 포함되어 있다.

이상의 세 가지가 있다. 대부분의 재해는 ③의 경우에 해당한다.

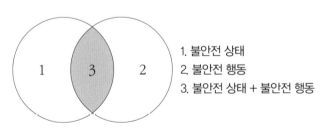

재해 원인의 구성요소

3. 안전관리의 방향과 대책

인간의 위험행동만 없다면 재해는 발생하지 않는다고 할 수 있다. 그러나 인간의 주의력에는 한계가 있으며 인간에게는 공통적인 결함이 있어 완벽한 인간을 바라는 것은 무리이다.

그러므로 안전관리의 방향은 불안전한 상태를 개선하기 위한 계획에 중점을 두고 불안전한 행동을 합리적으로 배제할 수 있는 시책을 병행하여야 한다. 즉, 근로자가 처한 외부의 물적 환경을 대상으로 하는 기술적 대책과 사람을 대상으로 하는 인간적 대책이 병행되어야 한다. 인간적 대책을 수립하기 위해서는 인간의 심리적·생리적 특성 연구를 통하여 근로자와 관리감독자 간에 새로운 인간관계를 정립하는 것이 필요하다.

문제 27 사고(재해)예방의 원칙에 대해 서술하시오.(10점)

문제해설

사고(재해)예방의 원칙

1. 손실 우연의 법칙 : 손실의 크기와 대소는 예측이 어렵고 우연에 의해 발생하므로 사고 자체가 발생하지 않도록 방지와 예방이 중요하다.

2. 원인 계기의 원칙 : 사고에는 항상 원인이 있다.

3. 예방 가능의 원칙 : 사고와 재해는 원칙적으로 원인만 제거되면 예방이 가능하다.

4. 대책 선정의 원칙 : 재해 예방이 가능한 안전대책은 항상 존재한다.

　　① 기술적(공학적) 대책 : 안전설계, 작업행정의 개선, 안전기준의 설정, 환경설비의 개선·점검·보존의 확립

　　② 교육적 대책 : 안전교육 및 훈련

　　③ 규제적 대책 : 엄격한 규칙에 의해 제도적으로 시행

문제
28 사고(재해) 유해 위험요인의 평가와 대책에 대해 서술하시오.(10점)

 문제해설

사고(재해) 유해 위험요인의 평가와 대책

4M	유해 위험요인	평가와 대책
1. 작업자 (Man)	인간의 실수 1. 착각, 착시 2. 오조작, 부주의 3. 습관, 개성의 특질	1. 교육과 훈련, 시기와 성별 2. 적성 배치, 통제 관리, 작업기준 설정 3. 보호구 착용, 복장 개선, 치공구의 개선 4. 작업자의 제안, 건의, 컴플레인 수용
2. 기계 설비 재료 (Machine)	1. 변형, 부식, 마모, 부품 결함 2. 구조상·작업상 위험 3. 기계 배치상 위험, 이상 위험 4. 원자재 보관, 운반 위험	1. 정기점검, 설계 성능 검사, 판정기준 적정 2. 구조상, 표준 작업기준, 치공구 안전화 3. 작업 책임자 배치, 이상 예지 훈련 4. 운반, 보관, 포장 안전상 레이아웃
3. 작업방법 (Media)	1. 공정 복잡, 혼동상 위험 2. 작업방법이 다름 3. 운반, 보관 등 혼동상 위험	1. 공정 분석, 작업 간편화 2. 작업절차 익힘 3. 작업방법 훈련 4. 작업자의 경험, 제안제도 활용 개선
4. 관리 (Management)	1. 작업지시 혼란 2. 부적절한 작업지시 3. 작업신호 불일치상 위험	1. 작업체계 획일화 2. 매니저의 적정 배치, 지속 훈련 3. 작업신호체계 확립, 훈련

문제 29 올슨(Olsen)의 학습 경험의 세 측면(4단계)에 대해 서술하시오. (10점)

 문제해설

올슨의 효율적인 학습이론

올슨은 학습 경험이 직접적인 것인지 간접적인 것인지 또는 현실 자체인지 시청각 자료인지에 따라 학습 경험의 세 측면을 강조하였으며, 이를 4단계의 학습 유형으로 구분하였다.

제1형 : 직접적 경험에 의한 직접 학습

인간의 감각기관을 통하여 직접적으로 받아들이는 학습이다.

제2형 : 대리적 경험에 의한 대리 학습

직접경험과 언어적 대리 경험의 양극 사이를 연결해주는 중간 역할로 시청각 교육의 영역이다.

제3형 : 상징적 경험(언어적 상징)에 의한 대리 학습

언어를 통한 학습이며 모든 지식의 기반을 구축해놓은 학습이다.

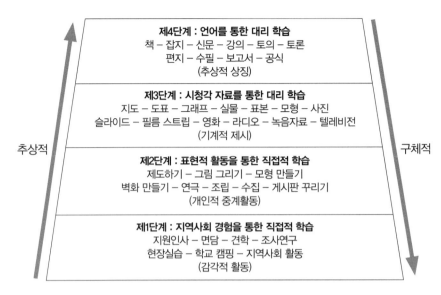

추상적

구체적

제4단계 : 언어를 통한 대리 학습
책 – 잡지 – 신문 – 강의 – 토의 – 토론
편지 – 수필 – 보고서 – 공식
(추상적 상징)

제3단계 : 시청각 자료를 통한 대리 학습
지도 – 도표 – 그래프 – 실물 – 표본 – 모형 – 사진
슬라이드 – 필름 스트립 – 영화 – 라디오 – 녹음자료 – 텔레비전
(기계적 제시)

제2단계 : 표현적 활동을 통한 직접적 학습
제도하기 – 그림 그리기 – 모형 만들기
벽화 만들기 – 연극 – 조립 – 수집 – 게시판 꾸리기
(개인적 중계활동)

제1단계 : 지역사회 경험을 통한 직접적 학습
지원인사 – 면담 – 견학 – 조사연구
현장실습 – 학교 캠핑 – 지역사회 활동
(감각적 활동)

올슨의 학습 경험의 세 측면(학습 유형 4단계)

문제 30 위험관리의 5단계와 그 단계별 대책에 대해 서술하시오.(10점)

문제해설

위험관리의 5단계와 단계별 대책

위험원과 사고발생 조건에 따른 우선순위	단계별 대책(방법)
1단계 : 위험원의 제거	① 없앰 ② 대체(전체 작업방법의 변경)
2단계 : 위험원의 격리	① 자동화/원격조정(Remote Control) ② 위험점 이격, 안전거리 확보(울, 방책)
3단계 : 위험원의 방호	① 덮개, 후드 설치(격리보다 인접작업) ② 인터록 방호장치
4단계 : 위험원에 대한 인간의 보강	① 적정 수공구 사용(일부 작업방법 변경) ② 보호구 착용
5단계 : 위험원에 대한 인간의 적응	① 교육(기준, 작업절차, 위험 대피요령) ② 훈련(작업자세 등 조건반사화)

문제 31 브루너(Bruner)의 발견학습이론에 대해 서술하시오.(10점)

브루너의 발견학습이론

브루너는 피아제의 인지발달이론과 관련하여 어린이는 각 발달단계에 적합한 인지구조가 있음에 기초하여 3단계의 표상 양식, 즉 행동적 표상, 영상적 표상, 상징적 표상을 제안하였다. 이는 데일이 경험의 원추에서 학습 경험을 행동적 경험, 시청각적 경험, 상징적 경험으로 구분한 것과 유사하다.

1. **행동적 표상(enactive representation)** : 학령 전기 아동들은 적절한 행동이나 동작을 통해 이전의 사건을 재현하거나 정보를 처리한다.

2. **영상적 표상(iconic representation)** : 초등학교 입학 전후의 정보재현 형태로서 어린이들은 사태를 지각과 영상에 의해 요약하거나 공간·시간상의 구조와 이들의 변형된 이미지 등에 의해 요약하게 된다.

3. **상징적 표상(symbolic representation)** : 10세 이상 초등학교 상급반의 어린이가 지니는 정보처리 세계로서 언어와 같은 상징적 요소를 통해 자신의 경험을 표현할 수 있으며, 단어의 조합 등을 통해 영상이나 행동으로 표현할 수 있다.

문제 32 기능(숙달)교육에서의 기대효과, 체험시설을 활용한 적용 가능한 교육 및 적정한 교육 인원에 대해 서술하시오.(10점)

문제해설

기능(숙달)교육

① **기대효과**

- 안전교육의 이론적인 틀을 벗어나 체험 위주의 살아 있는 교육을 실시할 수 있다.

- 가상 재난체험을 통해 유사시 재난대처능력 강화와 안전의식을 고취할 수 있다.

② **체험시설** : 검정기준이 없는 체험장비로 모형, 시뮬레이션 등

- 각종 체험도구(실물, 표본, 모형, 사진, 도표, 도형, 지도)

- 구연동화, 소방동요, 영화, 연극(상황 감상)

- 소방장비(각종 차량, 복장, 소화기 등)

- 현장학습(안전체험관, 이동안전체험차량)

③ **체험시설을 활용한 적용 가능 교육**

- 소방관서 방문 체험학습

- 직장 및 학교 등 찾아가는 안전교육

- 기타

구분	준비자료	교육인원	특이사항
체험도구	각종 도구	30명 이내	인원에 맞게
구연동화, 동요	교육목표	〃	
소방장비	유형별	〃	
현장학습	유형별	〃	

문제 33	A유치원장은 아이들이 안전하게 생활할 수 있도록 유아들의 안전을 위해 화상에 대해 교육을 하려 한다. 이에 소방안전교육사 김교육 선생님에게 화상 응급처치 교육을 요청하였다. 교육 프로그램 1개 차시의 교수지도계획서를 작성하시오.(30점)

문제해설

교수지도계획서

활동명	흐르는 물로 식혀요.
교육주제	화상에 대한 응급처치
교육대상	☑ 유아 □ 초등 □ 중등 □ 성인
학습목표	• 화상을 입을 수 있는 위험한 상황에 대해 말할 수 있다. • 화상을 입었을 때 화상 부위를 찬물에 대어야 한다는 것을 알 수 있다.
준비물(★)	유아용 화상안전 동화책, 화상안전 동영상, 빨간 물감, 붓, 물(개수대)

단계 (시간)	교수 · 학습 활동	기자재 및 유의점 (Know-How)
도입 (10분)	◆ 화상안전 동화책에서 뜨거운 물에 화상을 입은 장면을 보면서, ■ '앗 뜨거워' 한 적 있니? ■ 왜 화상을 입었니? (불꽃놀이를 하다가/뜨거운 주전자나 냄비를 만지다가/전열기구를 만지다가/뜨거운 김이 몸에 닿아서) ■ 화상을 입었을 때 어떻게 했니? (약을 바른 경우/병원에 간 경우/찬물에 담근 경우/흐르는 물에 대고 있는 경우)	• 유아들의 경험담에 대해 적극적으로 들어주고 반응하며 이야기를 나눈다. • 다른 사람의 의견을 경청하는 자세를 갖도록 지도한다.
전개 (30분)	◆ 화상을 입은 경우 어떻게 해야 하는지 화상안전 동화책을 보며 이야기 나누기 ■ 보미가 냉온수기에서 물을 먹으려고 받다가 뜨거운 물에 손을 데었어요. 보미가 어떻게 하고 있니? (개수대에 손을 가까이에 대고 물을 틀어놓고 있음. 흐르는 물에 손을 식히고 있음) ■ 왜 보미는 차가운 물에 다친 손을 대고 있을까?	★ 화상안전 동화책, 사진, 동영상 • 모든 유아들이 그림, 사진, 동영상 등을 간접경험하도록 보여준다.

단계 (시간)	교수·학습 활동	기자재 및 유의점 (Know-How)
전개 (30분)	◆ 유아들이 한 명씩 손에 화상을 입었을 때 찬물에 대고 식히는 것 해 보기 ■ 손에 화상을 입었을 때 어떻게 해야 할까? (손등에 빨간 물감을 칠해서 손을 데었다고 가정하고 물감이 묻은 손을 개수대에 가까이 해서 찬물에 씻어 없어지게 한다.)	★ 빨간 물감, 붓 · 불의 느낌이 나도록 빨간 물감을 사용한다. · 유아들이 물감이 다 없어질 때까지 손으로 문지르지 않고 기다리도록 격려해준다.
정리 및 평가 (10분)	■ 뜨거운 물에 손을 데었을 경우 어떻게 해야 할까? (비비지 않고 흐르는 차가운 물에 식혀요)	· 확장활동으로 역할영역(병원놀이)에 거즈나 붕대를 내주어 화상 시 응급처치 방법을 경험해보도록 한다.

문제 34 A유치원 선생님 중 한 분의 지인이 화재로 큰 피해를 입었다는 소식을 듣게 되었다. 이에 B유치원장은 유아들 대상의 화재예방 교육의 필요성을 느꼈다. 이에 소방안전교육사 김교육 선생님에게 화재 시 안전하게 대피하는 방법에 관한 교육을 요청하였다. 교육 프로그램 1개 차시의 교수지도계획서를 작성하시오. (30점)

문제해설

교수지도계획서

활동명	불이야! 불이야!
교육주제	화재 시 주변에 알리기
교육대상	☒ 유아 ☐ 초등 ☐ 중등 ☐ 성인
학습목표	• 화재를 알려주는 신호에는 어떤 것들이 있는지 설명할 수 있다. • 화재감지기 및 경보장치의 위치를 설명할 수 있다. • 화재 시 대처방법을 말할 수 있다.
준비물(★)	화재경보음 소리 음원, 화재감지기 사진자료, 화재 대피 동영상

단계 (시간)	교수·학습 활동	기자재 및 유의점 (Know-How)
도입 (10분)	◆ **화재를 알려주는 신호에 대해 이야기 나누기** ■ 불이 난 것을 어떻게 알 수 있을까? (불이 나면 연기가 나거나, 열이 나면 화재감지기가 화재를 감지하고 경보음이 들림) ◆ **화재경보음 소리를 들어본 후 사진자료를 보며 화재감지기에 대해 이야기 나누기** ■ 이 소리를 언제 들어본 적 있니? ■ 이 소리는 어디에서 나는 소리일까? ■ 이 소리가 나면 우리는 무엇을 알 수 있을까? (불이 났어요/빨리 밖으로 나가야 돼요.) ■ 우리 ○○에는 화재감지기가 어디에 있을까? ■ 왜 화재감지기가 필요할까?	★ 화재경보음 소리 음원 (mp3) • 다른 소리와 함께 듣고 경보음을 구분해보는 활동을 할 수 있다. ★ 화재감지기 사진자료 • 건물 안의 화재감지기 및 경보설비를 유아와 함께 직접 찾아본다.

226

단계 (시간)	교수 · 학습 활동	기자재 및 유의점 (Know-How)
전개 (30분)	◆ 화재 대피 동영상을 시청하고 대처방법 이야기 나누기 ■ 불이 나면 어떻게 해야 할까? 　(불이 난 곳으로부터 밖으로 빨리 빠져나오기/밖으로 나오면서 "불이야"라고 외치기) ■ "불이야"라고 왜 외쳐야 할까? 　(다른 사람들에게 불이 났음을 알려주기 위해서) ◆ 실제 화재 대피훈련을 놀이처럼 하기 ■ "불이야" 크게 외쳐요. ■ 몸을 낮추어요. ■ 선생님의 지시에 따라 입과 코를 막고 안전하게 대피해요.	★ 화재 대피 동영상 • 모든 유아들이 동영상을 보고 실제 대피훈련을 한다. • 훈련을 실시할 때 큰 소리로 실감나게 "불이야" 외치며 대피한다.
정리 및 평가 (10분)	■ 어떻게 불이 난 것을 알 수 있니? 　(경보음/"불이야" 소리를 듣고 알 수 있음) ■ 불이 나면 어떻게 해야 할까? 　(불이 난 곳으로부터 밖으로 빨리 빠져나오기/밖으로 나오면서 "불이야!"라고 외치기)	• 화재 대피훈련 및 역할놀이를 할 경우 교실이 소란스럽지 않도록 유의한다.

문제 35 A중학교 교장 선생님은 최근 인근 중학교에서 화재가 났다는 소식을 듣게 되었다. 이에 소방안전교육사 김교육 선생님에게 화재 대피 소방안전교육을 요청하였다. 교육 프로그램 1개 차시의 교수지도계획서를 작성하시오.(30점)

 문제해설

교수지도계획서

활동명	화재 HOT! HOT! HOT!
교육주제	화재발생 원인과 화재발생 시 안전하게 대피하기
교육대상	□ 유아 □ 초등 ☒ 중등 □ 성인
학습목표	부주의한 행동이 화재의 원인이 될 수 있음을 알고, 화재발생 시 활용할 수 있는 소방기구 사용방법을 설명할 수 있다.
준비물(★)	부주의로 인한 화재 동영상, 소화전 사용법 동영상, 방화문 사진자료, 교육 PPT 자료

단계 (시간)	교수·학습 활동	기자재 및 유의점 (Know-How)
도입 (10분)	◆ **부주의로 난 화재 동영상 시청하기** • 어떻게 하다 불이 붙었을지 생각해보고 발표하기 • 부주의한 행동이 무엇인지 말하기 • 어떻게 해야 부주의를 예방할지 말하기 ◆ **부주의 때문에 발생할 뻔했던 화재 경험 나누기** • 화장실 휴지에 라이터로 불을 붙인 일 • 산에서 함부로 버린 담배꽁초로 낙엽에 불이 옮겨붙은 일 ◆ **학습문제 제시** • 화재사고의 원인을 알아보고, 화재가 발생했을 때 사용할 수 있는 소방기구 알아보기	★ 부주의한 화재 동영상 • 다양한 경험담을 나누며 무심코 한 부주의한 행동이 화재의 원인이 될 수 있음을 안다.
전개 (30분)	◆ **사진 속 화재사고의 원인 알아보기** • 전기 과열로 인한 화재 • 불장난을 하다 인화성 물질로 불이 옮겨붙어 발생한 화재 • 담배꽁초를 제대로 끄지 않고 버려 발생한 화재 • 가스레인지를 켜놓은 사실을 잊어버려 발생한 화재	• 화재발생 시 대처행동을 숙지하여 당황하지 않고 신속하게 대처하면 안전하게 대피할 수 있다는 것을 알려준다.

단계 (시간)	교수·학습 활동	기자재 및 유의점 (Know-How)
전개 (30분)	◆ **화재가 일어나면 어떻게 해야 하는지 알아보기** • 불이 났다는 것을 주변에 신속하게 알림 : "불이야"라고 소리치기, 　발신기 누르기, 119에 신고하기 • 화재 신고 후 화재 상황에 따라 초기 진화를 시도 : 전기 스위치와 　가스밸브 잠그기, 소화기나 소화전 사용하기 • 밖으로 최대한 빨리 대피하기 : 자세를 낮추고 젖은 수건으로 코와 　입을 막고 계단을 이용하여 대피하기 ◆ **소화전 사용법 및 방화문의 용도에 대해 알아보기** • 소화전 사용법을 알아보고 실제 훈련해보기(시범조 3개) 　① 문을 연다. 　② 호스를 빼고 노즐을 잡는다. 　③ 밸브를 돌린다. 　④ 불을 향해 쏜다. • 방화문의 용도 　건물에서 화재가 발생한 경우 연기나 불길이 다른 층으로 번지는 　것을 막아줌	★ 옥내 소화전 사진, 방 　화문 사진 • 옥내 소화전 사진을 보 　며 소화전 사용방법을 　익혀본다. • 방화문이 열려 있는 경 　우와 닫혀 있는 경우 화 　재발생 시 어떤 차이가 　있을지 생각해보며, 방 　화문의 역할을 알 수 있 　도록 한다.
정리 및 평가 (10분)	■ 부주의로 인한 화재가 나지 않도록 주의한다. ■ 소화전 사용법을 안다. ■ 방화문의 용도를 이해한다.	• 화재 대피훈련 및 역할 　놀이를 할 경우, 교실이 　소란스럽지 않도록 유 　의한다.

A유치원장은 최근 잇따른 지진 발생을 경험하면서 지진 대피 교육의 필요성을 느끼게 되었다. 이에 소방안전교육사 김교육 선생님에게 지진 대피 소방안전교육을 요청하였다. 교육 프로그램 1개 차시의 교수지도계획서를 작성하시오.(30점)

문제해설

교수지도계획서

활동명	땅이 흔들려요.	
교육주제	지진 대처방법	
교육대상	☑ 유아 □ 초등 □ 중등 □ 성인	
학습목표	• 지진의 개념과 나타나는 현상을 말할 수 있다. • 지진의 위험도나 피해를 말할 수 있다. • 지진이 나면 어떻게 행동해야 하는지 알고 대처할 수 있다.	
준비물(★)	지진 동화책, 지진 대피 그림자료, 지진 관련 동영상	
단계 (시간)	교수·학습 활동	기자재 및 유의점 (Know-How)

도입
(10분)
	◆ 지진 관련 사진자료를 보며 지진의 개념과 위험성에 대해 이야기 나누기
	  ■ 무슨 사진일까?
	  ■ 왜 이렇게 되었을까?
	    (지진이 나면 땅이 흔들림)
	  ■ 이 사진과 비슷한 것을 본 적이 있니?
		★ 지진 관련 사진자료
		  (지진 피해 상황을 볼 수 있는 자료)
		
		• 유아들이 알고 있거나 경험했던 지진 관련 경험을 이야기 나눈다.

전개
(30분)
	◆ 지진 시 대처행동 관련 동영상 자료를 보고 이야기 나누기
	  ■ 동영상에서 무슨 일이 일어나고 있니?
	    (집 안의 물건들이 흔들리고 넘어지거나 떨어지고 있음)
	  ■ 지진이 일어났을 때 집 안에서 다치지 않으려면 어떻게 해야 할까?
	    • 머리와 몸을 보호할 수 있도록 탁자나 책상 밑으로 대피한다.
	    • 한 손으로 머리와 목을 방석 등으로 덮어 보호한다.
	    • 다른 한 손으로 탁자나 책상의 다리를 잡아서 몸이 미끄러지지 않게 한다.
	  ■ 지진이 일어났을 때 우리 몸(머리)을 안전하게 보호할 수 있는 물건에는 무엇이 있을까?
	    • 방석, 탁자 밑, 책상 밑 등
		★ 지진 대피 동영상/지진 대피 그림
		
		• 모든 유아들에게 동영상 자료나 그림을 통해 지진 시 대피하는 동영상이나 그림을 보여준다.
		
		• 지진이 있을 시에는 침착하고 신속하게 행동해야 함을 알려준다.

단계 (시간)	교수·학습 활동	기자재 및 유의점 (Know-How)

전개
(30분)
	◆ **지진이 일어난 상황을 가정하여 대피하는 연습해보기**
	  (동영상을 보고 동작을 똑같이 따라 해본다.)
	  • 동영상에서처럼 똑같이 움직였나?	

정리 및 평가 (10분)	(동영상 자료를 보며 지진 시 대처방법에 대해 이야기 나눈 것을 상기한다.) ■ 지진이 나면 무엇이 위험할까? ■ 지진이 나면 어떻게 해야 할까?	

문제 37 A유치원장은 황사로 유치원생들이 결석을 많이 하게 되었다는 점에 착안하여 황사대처 안전교육의 필요성을 느끼게 되었다. 이에 소방안전교육사 김교육 선생님에게 황사 대비 소방안전교육을 요청하였다. 교육 프로그램 1개 차시의 교수지도계획서를 작성하시오.(30점)

문제해설

교수지도계획서

활동명	모래바람이 불어요.
교육주제	황사 대처방법
교육대상	☒ 유아 ☐ 초등 ☐ 중등 ☐ 성인
학습목표	• 황사의 개념과 나타나는 현상을 말할 수 있다. • 황사의 위험도나 피해를 말할 수 있다. • 황사가 나면 어떻게 행동해야 하는지 알고 대처할 수 있다.
준비물(★)	황사 관련 사진자료, 황사 관련 동영상, 마스크, 보호안경, 긴소매 옷

단계 (시간)	교수·학습 활동	기자재 및 유의점 (Know-How)
도입 (10분)	◆ 황사 관련 사진자료를 보며 황사의 개념과 위험성에 대해 이야기 나누기 ■ (하늘이나 주변이 뿌연 사진을 보여주며) 무슨 사진일까? (황사는 중국에서 불어오는 모래와 중금속이 섞인 바람임) ■ 이 사진과 비슷한 것을 본 적이 있니? (황사가 불면 하늘이나 주변이 뿌옇게 보임) ■ (목이 아프거나 눈병이 난 사진을 보여주며) 왜 이렇게 되었을까? (모래바람 속에 있는 나쁜 것들이 코나 입으로 들어오면 아플 수 있음/황사바람이 불 때 목이 아프거나 눈이 가려움)	★ 황사 관련 사진자료 (하늘이나 주변이 뿌연 사진, 황사 피해 상황을 볼 수 있는 사진) • 유아들이 알고 있거나 경험했던 황사에 관련된 경험을 이야기 나눈다.
전개 (30분)	◆ 동영상 자료를 보며 황사 시 대처방법에 대해 이야기 나누기 ■ 모래바람이 불 때 바깥에 나가려면 어떻게 해야 안전할까? • 마스크, 보호안경, 긴소매 옷을 입는다.	★ 황사 관련 동영상 • 모든 유아들에게 동영상 자료를 보여준다. 대피하는 부분은 캡처하여 강조해 설명한다.

단계 (시간)	교수 · 학습 활동	기자재 및 유의점 (Know—How)
전개 (30분)	■ 이외에 모래바람이 불 때 어떻게 해야 안전할까? 　• 황사 특보가 발표되면 외출을 삼간다. 　• 외출 시에는 마스크, 보호안경, 긴 소매 옷을 입는다. 　• 과일, 채소류를 깨끗하게 씻어서 먹는다. ◆ 모래바람(황사)이 불고 있다고 가정하여 마스크, 보호안경, 긴소매 옷을 직접 입어보기	※ 황사특보 • 황사주의보 : 황사로 인해 1시간 평균 미세먼지 농도 400㎍/㎥ 이상이 2시간 이상 지속될 것으로 예상 • 황사경보 : 황사로 인해 1시간 평균 미세먼지 농도 800㎍/㎥ 이상이 2시간 이상 지속될 것으로 예상 ★ 마스크, 보호안경, 긴소매 옷
정리 및 평가 (10분)	■ 황사 시 대처방법에 대해 알고 있는지 질문을 통해 평가한다. • 모래바람(황사)이 코나 입, 눈으로 들어오면 어떻게 될까? • 모래바람(황사)이 불어오면 어떻게 해야 안전할까?	• 가정통신문을 통해 황사 시 대처요령을 가정에서도 실천해볼 수 있게 한다.

문제 38 A중학교 교장 선생님은 필리핀 화재로 섬 전체가 재앙을 겪는 모습을 보고 자연재난 발생에 대한 안전교육의 필요성을 느끼게 되었다. 이에 소방안전교육사 김교육 선생님에게 자연재난 대비 소방안전교육을 요청하였다. 교육 프로그램 1개 차시의 교수지도계획서를 작성하시오.(30점)

문제해설

교수지도계획서

활동명	자연재난, 막을 수 없다면 피하라.	
교육주제	자연재난 발생 시 안전을 확보하기 위해 할 일 알기	
교육대상	□ 유아 □ 초등 ☒ 중등 □ 성인	
학습목표	자연재난이 발생했을 때 안전하게 행동하는 방법을 알아보고, 재난 안내 시스템의 중요성을 인식할 수 있다.	
준비물(★)	사진자료, 동영상, 긴급재난 문자 메시지	
단계 (시간)	교수·학습 활동	기자재 및 유의점 (Know-How)
도입 (10분)	◆ **기억에 남는 자연재난에 대해 이야기해보기** ■ 천년신라의 고도 경주에서는 무슨 일이 있었는가? 　• 예상하지 못했던 지진이 발생하여 건물 지붕이 파손되고 땅이 갈라지는 등의 피해를 입음 　• 계속된 여진으로 주민들은 공포와 불안에 떨고 있음 ■ 예측하지 못한 자연재난에 대처하기 위해서는 어떻게 해야 할까? 　• 재난경보나 방송 등 재난 안내 시스템을 활용해야 함 ◆ **학습문제 제시** 　• 자연재난이 발생했을 때 안전하게 행동하는 방법 알아보기	★ 2016년 발생한 경주 지진 사진, 경주 지진으로 인한 피해 사진을 보며 자연재난이 발생했을 때 안전하게 행동하는 것이 중요하다는 사실을 깨닫게 한다.
전개 (30분)	◆ **자연재난 발생 시 행동방법** 　• 호우나 태풍, 폭설 : 방송을 확인, 집의 안전 상태 점검, 함부로 밖에 나가지 않기, 재난 대비 비상물품 준비 　• 지진 : 머리를 보호하면서 낮고 튼튼한 테이블 밑에 들어가 다리 잡고 있기, 문 열어두기	★ 황사 관련 동영상 • 학생들에게 동영상 자료를 보여준다. 대피하는 부분은 캡처하여 강조해 설명한다.

단계 (시간)	교수·학습 활동	기자재 및 유의점 (Know-How)
전개 (30분)	• 가스기구나 전기기구는 밸브를 잠그거나 스위치 끄기, 화재가 나면 재빨리 소화기로 불끄기, 엘리베이터나 자동차 타지 않기, 건물 밖에 나가지 않기, 건물 밖에 있다면 담이나 기둥 주변, 간판을 주의하고 가방으로 머리 보호하기 ◆ **재난 안내 시스템 활용하기** ■ 재난에 관한 정보를 빨리 얻을 수 있도록 도와주는 재난경보와 재난방송에 대해 알아보기 　• TV나 라디오를 통해 재난예·경보 및 재난 상황, 피해 경감을 위한 조치사항 등을 시청할 수 있음 　• 재난 문자를 신청한 CBS 수신 기능 탑재 휴대폰 소지자들은 재난 상황을 신속하게 전달받을 수 있음 　• 재난 취약지에서는 자동음성(문자) 통보 시스템과 재난 문자 전광판 등을 통해 재난 상황에 관한 정보를 얻을 수 있음	★ 재난 대처 학습지 • 호우, 지진 상황에서의 나의 행동과 이에 대한 결과를 예측해보며, 자연재난이 발생했을 때의 행동방법을 익히도록 한다. • 휴대폰 긴급재난 관련 문자를 받아본 경험을 이야기해보기
정리 및 평가 (10분)	■ 자연재난 발생 시 어떻게 행동하면 안전한지 알고 있는가? ■ 재난 안내 시스템의 예를 말하고, 이것이 필요한 이유를 설명할 수 있는가?	

문제 39 A유치원장은 체험학습으로 여름철 물놀이장에 가려고 한다. 물놀이를 하기 전에 안전교육의 필요성을 느끼고, 이에 소방안전교육사 김교육 선생님에게 물놀이 안전 소방안전교육을 요청하였다. 교육 프로그램 1개 차시의 교수지도계획서를 작성하시오. (30점)

문제해설

교수지도계획서

활동명	물놀이를 위해 준비해요.	
교육주제	물놀이 안전	
교육대상	☒ 유아 □ 초등 □ 중등 □ 성인	
학습목표	• 물놀이 시 안전한 행동에 대해 말할 수 있다. • 물놀이 시 안전을 위해 필요한 물건을 알고 반드시 착용할 수 있다.	
준비물(★)	샌들, 구명조끼, '물놀이를 위해 준비해요' 그림자료, 색연필	
단계 (시간)	교수·학습 활동	기자재 및 유의점 (Know-How)
도입 (10분)	◆ 물놀이 경험 이야기 나누기 ■ (물놀이 하는 그림을 보여주며) 이 친구들이 무엇을 하고 있니? 너희들도 물놀이를 해보았니? ■ 어디에서 물놀이를 해보았니? ■ 물놀이를 할 때 어떤 물건들을 챙겨 갔었니? ■ 혹시 물놀이를 하다가 다쳤거나 위험한 일이 생겼던 친구는 없었니?	★ 물놀이 하는 그림자료
전개 (30분)	◆ 샌들과 구명조끼를 보여주며 안전한 물놀이를 위해 필요한 물건 알아보기 ■ 선생님이 물놀이를 할 때 꼭 필요한 것을 준비해 왔는데 이게 무엇일까? ■ 구명조끼는 왜 필요힐까? (몸을 뜨게 하니까) ■ 샌들은 왜 필요할까? (맨발로 다니면 바닥에 있는 뾰족한 것에 찔릴 수 있음) ■ 샌들이 아니라 잘 벗겨지는 슬리퍼를 신는다면 어떤 일이 생길 수 있을까? (물에서 신발이 벗겨져 떠내려갈 수 있음)	★ 샌들, 구명조끼 • 유아 중 한 명에게 구명조끼를 입혀주고 샌들을 신겨 시범을 보임

단계 (시간)	교수·학습 활동	기자재 및 유의점 (Know-How)
전개 (30분)	◆ **교재를 활용하여 안전한 물놀이를 위해 필요한 물건 연결해보기** 　■ 보미와 동이는 아빠, 엄마와 물놀이를 하러 갔어요. 보미와 동이에 　　게 필요한 물건은 무엇일까요? 　■ 안전한 물놀이를 위해 필요한 물건을 연결해보세요. ◆ **물놀이 시 안전수칙 정하기** 　• 물놀이를 할 때 위험한 행동은 무엇일까? 　　(혼자 물놀이 하는 것/깊은 곳에 가는 것) 　• 물놀이를 할 때 안전한 행동은 무엇일까? 　　(어른과 함께 있는 것/준비운동 하는 것/구명조끼 입는 것/샌들을 　　신는 것) 　• 물놀이를 안전하게 하기 위해 꼭 지켜야 할 것은 무엇일까? 　　(어른과 함께 있기/음식 먹고 바로 들어가지 않기/준비운동 하기/물 　　이 깊은 곳에 가지 않기)	★ '물놀이를 위해 준비해 요' 그림자료, 색연필 • 유아들과 함께 정한 물 놀이 시 안전수칙을 교 실에 게시해둔다.
정리 및 평가 (10분)	■ 안전한 물놀이를 위해 필요한 물건은 무엇일까? ■ 함께 만든 안전수칙 읽어보기	• 확장활동으로 역할놀이 영역에 필요한 소품(구 명조끼, 밧줄 등)을 비 치하여 구조대 놀이를 해볼 수 있다.

A초등학교 교장 선생님은 평소 안전한 학교생활을 강조하였다. 선생님은 집에서도 화상 등 안전사고가 빈번하게 일어나는 것이 안타까워 가정에서의 화상 예방을 위한 안전교육의 필요성을 느꼈다. 이에 소방안전교육사 김교육 선생님에게 가정에서의 화상사고 예방을 위한 소방안전교육을 요청하였다. 교육 프로그램 1개 차시의 교수지도계획서를 작성하시오.(30점)

문제해설

교수지도계획서

활동명	뜨거운 것은 조심조심	
교육주제	화상을 예방하는 방법	
교육대상	☐ 유아 ☒ 초등 ☐ 중등 ☐ 성인	
학습목표	집에서 화상을 입지 않도록 예방하는 방법과 화상 시 대처법을 설명할 수 있다.	
준비물(★)	화상 환자의 사진자료, 뜨거운 물건이나 시설물 사진자료, 화상사고 시 응급처치 동영상 및 사진자료, 학습지	
단계 (시간)	교수·학습 활동	기자재 및 유의점 (Know–How)
도입 (10분)	■ 화상을 입은 친구의 모습을 본 사람 있나요? ■ 화상으로 입은 상처의 모습이 어땠나요? ■ 집에서 화상을 입을 수 있는 물건에는 어떤 것이 있을까요? • 뜨거운 물, 뜨거운 국물 • 난로, 다리미, 뜨거운 냄비, 밥솥 ◆ 학습문제 제시 • 화상을 입지 않으려면 어떻게 해야 하는지 그 예방법과 화상 시 대처법을 알아보자.	★ 화상 환자의 사진자료 • 화상 입은 친구의 고통을 이해하며 더욱 따뜻하게 대해주고 친하게 지내야 함을 인식시킨다. • 화상을 입을 수 있는 물건을 미리 조사해보도록 할 수 있다.
전개 (30분)	◆ 집에서 화상을 입은 경험이 있는 사람이나 주변에서 친구나 아는 사람이 화상 입은 것을 본 경우를 이야기해보기 ■ 어떤 상황에서 화상이 생겼나요? • 뜨겁게 끓고 있는 냄비뚜껑을 열다가 손을 덴 경우 • 다리미가 뜨거운 줄 모르고 손을 댔다가 화상을 입은 경우 • 뜨거운 물이 나오는 수도에 손이 닿아서	• 직간접적인 다양한 화상 경험이 나오도록 발표를 유도한다.

단계 (시간)	교수·학습 활동	기자재 및 유의점 (Know-How)
전개 (30분)	■ 화상을 입지 않기 위해서 주의해야 할 점은 무엇인가요? 　• 뜨거운 시설물이나 물건을 다룰 때는 항상 주의한다. ■ 화상을 입었을 때는 어떻게 해야 하나요? 　• 상처 부위가 심하지 않으면 찬물에 담가 식힌다. 　• 손이나 헝겊으로 닦거나 누르지 않는다. 　• 먼저 어른들께 말씀드리고 화상연고를 바르거나 세균에 감염되지 　 않도록 치료를 받는다.	★ 뜨거운 물건이나 시설 　물 사진자료 • 화상사고 시 응급처치에 　대한 동영상 자료가 있 　으면 같이 안내해준다.
정리 및 평가 (10분)	■ 화상을 입을 수 있는 물건이나 시설물을 알고 있나? ■ 화상을 입지 않기 위해서 주의할 점을 알고 있나?	★ 안전교육 학습지 • 학습지 활동을 통해 학 　습내용을 정리 및 평가 　한다.

PART 2

PART 3

부록

PART 3 출제 예상문제 및 풀이 239

문제 41 A초등학교 교장 선생님은 인근 초등학교 운동회에서 질식 사건이 있었다는 소식을 듣고, 질식사고 예방을 위한 안전교육의 필요성을 느꼈다. 이에 소방안전교육사 김교육 선생님에게 초등학생을 대상으로 질식사고 대처법에 관한 소방안전교육을 요청하였다. 교육 프로그램 1개 차시의 교수지도계획서를 작성하시오.(30점)

문제해설

교수지도계획서

활동명	서두르지 않고 먹어요.
교육주제	질식사고 대처법
교육대상	☐ 유아 ☒ 초등 ☐ 중등 ☐ 성인
학습목표	생활에서 일어날 수 있는 질식사고와 그 대처방법에 대해 말할 수 있다.
준비물(★)	질식(젤리)사고 발생 동영상, 하임리히법 소개 PPT 및 동영상 자료

단계 (시간)	교수·학습 활동	기자재 및 유의점 (Know-How)
도입 (10분)	◆ 질식사고 관련 뉴스 보기 ■ 왜 이런 일이 일어났을까? • 음식을 급하게 먹었기 때문이다. • 아기들은 이가 없어 음식을 잘 씹지 못하기 때문에 목에 음식이 잘 걸린다. ◆ 학습문제 제시 • 생활에서 일어날 수 있는 질식사고와 그 대처법에 대해 알아보자.	★ 질식사고 관련 뉴스 자료 시청하기 • 뉴스 자료의 내용이나 주변에서 직간접으로 보거나 들은 내용을 이야기하도록 한다.
전개 (30분)	◆ 질식사고는 언제 일어날까? • 미끄럽거나 이로 쉽게 잘라지지 않는 음식(떡, 고구마, 젤리)을 먹다가 • 크기가 작은 음식(사탕)이나 물건이 갑자기 목구멍으로 넘어가서 • 너무 차거나 뜨거운 음식을 먹다가 • 옷에 달린 끈이 목에 감겨서 • 음식을 먹는 중에 다른 사람이 놀라게 해서 • 밀폐된 공간에 오랫동안 갇혀서 • 유독가스나 화재 현장에 갇혀서	• 주변에서 일어날 수 있는 질식사고에 대해서 다양한 설명을 통해 안내해준다. ★ 질식사고 대처방법(하임리히법) 동영상 및 PPT 자료

단계 (시간)	교수·학습 활동	기자재 및 유의점 (Know-How)
전개 (30분)	◆ 질식사고가 일어나지 않게 하기 위해서는 어떻게 하면 좋을까? • 음식을 먹을 때 친구를 놀라게 하는 장난을 하지 않는다. • 급하게 음식을 씹거나 삼키지 않는다. • 풍선이나 비닐 등을 입에 넣고 장난을 하지 않는다. • 크기가 작거나 딱딱한 음식을 먹을 때는 억지로 삼키지 않는다. ◆ 질식사고가 발생했을 때 어떻게 대처하면 좋을까? • 함부로 등을 두드리거나 몸을 움직이기보다는 빨리 어른들께 알리거나 119에 구조를 요청한다.	• 질식 상황이 발생하면 당황하지 않는 것을 최우선으로 지도하고, 빨리 어른들이나 119로 구조 요청을 하도록 한다.
정리 및 평가 (10분)	■ 질식사고의 발생 및 예방법을 알고 있나? ■ 질식사고에 대처하는 방법을 알고 있나?	

문제 42 A중학교 교장 선생님은 메르스 및 코로나 바이러스 등 호흡기를 통한 감염의 위험성을 경험하면서 중학생들을 대상으로 코로나 바이러스 등 호흡기 관련 안전교육의 필요성을 느꼈다. 이에 소방안전교육사 김교육 선생님에게 호흡기 관련 소방안전교육을 요청하였다. 교육 프로그램 1개 차시의 교수지도계획서를 작성하시오. (30점)

 문제해설

교수지도계획서

활동명	외출할 때 반드시 마스크를 쓰고 귀가해서는 깨끗이 씻어요.	
교육주제	공중위생 안전	
교육대상	□ 유아 □ 초등 ☑ 중등 □ 성인	
학습목표	• 호흡기 바이러스 감염 증상에 대해 이해한다. • 호흡기 바이러스 감염 방지를 위한 올바른 행동을 말할 수 있다.	
준비물(★)	관련 동영상. 관련 그림(사진), 마스크, 손소독제	
단계 (시간)	교수·학습 활동	기자재 및 유의점 (Know-How)
도입 (10분)	◆ 호흡기 바이러스의 위험성을 알리는 동영상 시청하기 • 위험성에 대한 경각심 갖기 ◆ 감염 사례를 보거나 경험했으면 이야기 나누기 • 감염 격리된 적이 있었거나 TV에서 보았다 등	★ 관련 동영상

전개
(30분)
	◆ 예방수칙을 알려주는 동영상 시청
	• 외출 시 반드시 마스크 하기
	  (되도록 사람이 많은 곳은 가지 않기)
	• 귀가 즉시 손 씻기
	  올바른 손 씻기 6단계 : 손바닥 → 손톱 → 손가락 사이 ⇒ 두 손 모아 ⇒ 엄지손가락 ⇒ 손톱 밑
	• 올바른 기침 예절
	  ① 옷소매로 가리기
	  ② 기침 후 비누로 손 씻기(손소독제)
		★ 관련 동영상, 그림(사진) 자료
		
		• 호흡기 바이러스에 대한 잘못된 정보와 올바른 정보에 대해 알려준다.
		
		★ 마스크, 손소독제
		
		• 손소독제를 사용하여 올바른 손 씻기 체험을 실시한다.

242

단계 (시간)	교수·학습 활동	기자재 및 유의점 (Know─How)
전개 (30분)	◆ 발열(기침, 호흡곤란) 등 유사증상 시 조치사항 • 관할 보건소 또는 1339 상담하기 • 외출 및 의료기관 방문 시 반드시 마스크 착용 • 선별 진료소 방문 시 해외여행력 알리기	
정리 및 평가 (10분)	■ 호흡기 바이러스의 위험성에 대해 이해하고 있다. ■ 올바른 손 씻기 등 예방수칙을 이해하고 실천할 수 있다.	

A중학교 교장 선생님은 평소 안전교육에 관심이 많았다. 그런데 이웃 중학교에서 학생이 갑자기 쓰러져 병원치료를 받았다는 소식을 접하게 되자 학생들을 대상으로 심폐소생술 교육의 필요성을 느꼈다. 이에 소방안전교육사 김교육 선생님에게 심폐소생술 교육을 요청하였다. 교육 프로그램 1개 차시의 교수지도계획서를 작성하시오. (30점)

문제해설

교수지도계획서

활동명	응급처치 : 의리를 지켜주는 응급처치
교육주제	응급처치의 중요성과 방법 알기
교육대상	☐ 유아 ☐ 초등 ☒ 중등 ☐ 성인
학습목표	응급처치가 중요한 이유를 알고, 응급처치 방법과 심폐소생술에 대해 설명할 수 있다.
준비물(★)	심폐소생술이 필요한 상황(동영상), 삽화자료(PPT), 프로젝션 TV, 심폐소생술 마네킹

단계 (시간)	교수 · 학습 활동	기자재 및 유의점 (Know-How)
도입 (10분)	◆ **심폐소생술로 목숨을 건진 사람의 뉴스 보도 살펴보기** • 지하철 역사에 갑자기 쓰러진 사람을 역무원이 발견하고 119 신고 후 구급대원이 도착할 때까지 심폐소생술을 실시하여 쓰러진 사람이 깨어남 ◆ **응급처치가 중요한 이유 이야기해보기** • 만일 심폐소생술을 실시하지 않았다면 골든타임을 놓쳤을 수도 있음	★ 심폐소생술로 목숨을 살린 경우의 뉴스 동영상 • 갑자기 쓰러진 사람이 있을 때 당황하지 않고 침착하게 대응하여 생명을 살린 이야기를 들으며 응급처치의 중요성을 느낄 수 있도록 한다.
전개 (30분)	◆ **심폐소생술이 중요한 이유 알아보기** • 심정지가 발생하고 4~5분이 경과하면 뇌에 혈액이 공급되지 않으면서 뇌 손상이 급격한 속도로 진행된다. 심정지를 목격한 사람이 즉시 심폐소생술을 시행한다면 정상 상태로 소생시킬 수 있다. ◆ **생존사슬에 대해 알려주기** • 목격자가 심폐소생술을 시행하는 경우 하지 않는 것보다 생존율이 2~3배 높아진다.	★ 애니(심폐소생술 마네킹) • 심폐소생술 방법을 익히기 위해 실제 애니를 준비하여 각 단계별로 방법을 익힐 수 있도록 한다.

단계 (시간)	교수 · 학습 활동	기자재 및 유의점 (Know—How)

전개
(30분)
	◆ 심폐소생술 동영상을 보면서 함께 익히기
	■ 일반인 심폐소생술 순서
	① 환자의 상태와 반응 확인(의식이 있는지, 호흡은 정상인지)
	② 구조 요청(119에 연락)
	③ 가슴(흉부)압박
	   (약 5cm 이상의 깊이로 가슴의 중앙인 흉골의 아래쪽 절반 부위
	   를 가슴압박, 1분당 100~120회)
	④ 구급대원이 올 때까지 가슴(흉부)압박 지속
	   ※ 2015년 심폐소생술 지침에 의하면 일반인 구조자는 가슴압박만 하
	     도록 권고하고 있음
	⑤ 옆에 있는 사람들이 계속해서 교대로 흉부압박 실시	

정리 및 평가 (10분)	■ 응급처치의 중요성을 깨닫고 있는가? ■ 응급처치 방법을 잘 알고 있는가?	

A씨는 직장 내 안전교육 담당자이다. 여름철 가족여행 시 물놀이로 인해 많은 인명피해가 발생한다는 사실을 알게 되었고, 휴가철을 맞이하여 직원들을 대상으로 물놀이 안전사고 방지 교육의 필요성을 느꼈다. 이에 소방안전교육사 김교육 선생님에게 물놀이 소방안전교육을 요청하였다. 교육 프로그램 1개 차시의 교수지도계획서를 작성하시오.(30점)

문제해설

교수지도계획서

활동명	여가안전 : 물놀이 안전사고	
교육주제	여름철 가족 물놀이 시 안전사고의 원인을 알고 안전수칙 지키기	
교육대상	□ 유아 □ 초등 □ 중등 ✔ 성인	
학습목표	여름철 계곡, 강, 바닷가 등에서 물놀이 시 사고 원인을 알고, 안전수칙을 지키고자 하는 의지를 가질 수 있다.	
준비물(★)	물놀이 안전사고 사진, 동영상	
단계 (시간)	교수·학습 활동	기자재 및 유의점 (Know-How)
도입 (10분)	◆ **물에 빠져 숨을 쉴 수 없다고 가정해보기** ■ 물에 빠져 숨을 쉴 수 없게 된다면 얼마나 당황하고 힘이 들지 상상해보기 • 무섭고 두려울 것 같음 • 물을 많이 먹어 너무 고통스러울 것임 • 처음에는 허우적거리지만 나중에는 힘이 빠져 대처하지 못할 것 같음 ■ 이런 상황에 빠지지 않기 위해서는 어떻게 해야 할지 생각해보기 • 깊은 곳에는 가지 않기 • 구명조끼를 입고 수영하기 ◆ **학습문제 제시** • 여가활동 시 발생할 수 있는 사고의 종류와 원인을 알고, 안전수칙을 잘 지켜 사고를 예방하자.	• 숨을 쉴 수 없게 되었다고 가정하고 사고가 났을 때의 느낌을 상상해보고, 사고가 나지 않기 위해서는 안전수칙을 지켜야 함을 느낄 수 있게 한다.

단계 (시간)	교수·학습 활동	기자재 및 유의점 (Know-How)
전개 (30분)	◆ **숨어 있는 위험요소 찾아보기** ■ 사진에 제시된 상황에 숨어 있는 위험요소에 대해 생각해보기 • 자신의 수영 실력을 과신하여 물속에 함부로 뛰어듦 • 준비운동을 하지 않고 물속에 들어감 • 안전부표를 넘어서 깊이 들어감 • 음주 후 수영함 ■ 위험요소를 제거하는 방법 알아보기 • 수영 실력을 과신하지 않기 • 수영하기 전에 충분히 준비운동 하기 • 음주 후 수영하지 않기 • 물에 빠진 사람이 있으면 무조건 구하려 하지 말고 안전요원에게 부탁하거나 구조용품 사용하기 ◆ **사고예방을 위하여 지켜야 할 일 알아보기** • 부유물에 의지해 깊은 곳에 가지 않기 • 미끄러지지 않는 신발 신기 • 해안선과 수평선 방향으로 물놀이하기 • 껌을 씹거나 음식물을 먹으면서 놀지 않기	★ 위험요소가 담긴 사진, 관련 동영상 • 자신의 경험을 토대로 사고예방을 위해 지켜 야 할 안전수칙에 대해 이야기해본다.
정리 및 평가 (10분)	■ 여가활동 시 발생할 수 있는 사고에 대해 알고 있는가? ■ 안전한 여가활동을 위한 안전수칙을 알고, 지키려는 의지를 지니고 있는가?	

문제 45 A씨는 직장 내 안전교육 담당자이다. 그는 일상 속에서 일어나는 안전사고 발생 시 조치사항에 대한 교육의 필요성을 느껴 이번 달에는 생활안전교육을 실시하려고 한다. 이에 소방안전교육사 김교육 선생님에게 생활 속 응급처치 소방안전교육을 요청하였다. 교육 프로그램 1개 차시의 교수지도계획서를 작성하시오.(30점)

문제해설

교수지도계획서

활동명	생활 속 응급처치
교육주제	일상의 응급 상황에 대처하는 것의 중요성을 깨닫고, 응급처치 방법 알기
교육대상	□ 유아 □ 초등 □ 중등 ☒ 성인
학습목표	응급 상황에 대처하는 구조자의 신속·정확한 행동이 부상자의 삶과 죽음을 좌우할 수 있다는 것을 알고, 응급처치 방법을 익힐 수 있다.
준비물(★)	뉴스 동영상, 그림자료

단계 (시간)	교수·학습 활동	기자재 및 유의점 (Know-How)
도입 (10분)	◆ 응급 상황에 처했던 적이나 응급 상황에 대처했던 경험 이야기 나누기 • 눈에 모래가 들어간 적이 있음/뜨거운 기름이 튀어 화상을 입은 적이 있음 ◆ 응급 상황에 어떻게 대처해야 할지 이야기해보기 • 당황하지 않고 부상자에게 응급처치를 실시해야 함 ◆ 학습문제 제시 • 응급 상황에서 신속하게 대처하는 것의 중요성을 깨닫고, 응급처치 방법을 알아보자.	• 다양한 경험담이 나올 수 있도록 하여 흥미와 호기심을 유도한다.
전개 (30분)	◆ 신속한 응급처치의 중요성 알기 • 응급 상황에 대처하는 구조자의 신속·정확한 행동이 부상자의 삶과 죽음을 좌우할 수 있음	★ 뉴스 동영상 • 응급 상황에서 심폐소생술로 생명을 살린 뉴스 동영상을 보며 신속·정확한 응급처치의 중요성을 깨달을 수 있도록 한다.

단계 (시간)	교수·학습 활동	기자재 및 유의점 (Know—How)
전개 (30분)	◆ 상황별 응급처치 방법 알아보기 • 의식이 희미하거나 없는 경우 혹은 두통과 구토가 반복되는 경우에는 기도를 확보할 수 있도록 몸을 옆으로 눕히고 상체를 높여주며 119에 신고 • 눈에 모래나 먼지가 들어갔을 때에는 생리식염수나 깨끗한 물을 눈에 부어 씻어냄 • 팔이나 다리를 다쳤을 경우에 피가 나면 상처 부위를 생리식염수나 흐르는 물로 씻어낸 후 소독 거즈로 덮어 압박하여 지혈한 후 부목으로 고정시킴 • 피가 날 경우에는 출혈 부위보다 심장에 가까운 쪽의 상처 주위를 압박함 • 뾰족한 것에 찔렸을 경우에는 상처 부위를 씻어주거나 가시나 이물질은 조심스럽게 뽑아냄	★ 그림자료 • 그림 속의 응급 상황을 살펴보며 응급처치 방법을 알 수 있도록 지도한다. • 상황별 응급처치 방법을 퀴즈 식으로 진행하여 쉽고 재미있게 응급처치방법을 배우도록 할 수 있다.
정리 및 평가 (10분)	■ 응급처치의 중요성을 알고 있는가? ■ 상황별 응급처치 방법을 말할 수 있는가?	

문제 46 A씨는 직장 내 안전교육 담당자이다. '불조심 강조의 달'을 맞이하여 직원들을 대상으로 화재예방 및 화재발생 시 대처요령에 대한 교육을 실시하고자 한다. 이에 소방안전교육사 박화재 선생님에게 화재예방 및 화재발생 시 대처요령에 대한 소방안전교육을 요청하였다. 교육 프로그램 1개 차시의 교수지도계획서를 작성하시오.(30점)

문제해설

교수지도계획서

활동명	화재 안전
교육주제	화재 안전과 화재가 발생했을 때의 대처방법 익히기
교육대상	☐ 유아 ☐ 초등 ☐ 중등 ☒ 성인
학습목표	화재를 예방하기 위한 방법을 알고, 화재가 발생했을 때의 대처방법을 익힐 수 있다.
준비물(★)	요일별 및 시간별 화재발생 현황 그래프, 화재 위험이 있는 가정의 사진, 사례별 사고 사진

단계 (시간)	교수·학습 활동	기자재 및 유의점 (Know-How)
도입 (10분)	◆ 화재가 가장 많이 발생하는 요일 예측하기 • 사람들의 활동이 많은 주말이라고 예측함 • 실제 화재가 가장 많이 발생하는 요일은 월요일이고, 목요일이 가장 적음 ◆ 화재가 가장 많이 발생하는 시간대 예측하기 • 마음이 가장 여유로운 오후 2~4시, 오후 4~6시가 많음 • 수면으로 화재 인식이 어려운 새벽 0~2시에도 많이 발생 • 아침 6~8시 사이에는 화재가 가장 적게 발생함 ◆ 학습문제 제시 • 화재 안전과 화재가 발생했을 때의 대처방법을 알아보자	★ 요일별 및 시간별 화재발생 현황 그래프 • 화재가 많이 발생하는 요일과 시간대를 예측해보고, 사람들이 방심하면 언제든지 화재가 발생할 수 있음을 안다.
전개 (30분)	◆ 각 사례별 화재사고의 원인 알아보기 • 전기화재 : 고시원 다용도실에서 가전제품 과열로 추정되는 화재발생 • 담뱃불 화재 : 완전히 끄지 않고 버린 담배꽁초의 불이 비닐천막으로 된 창고에 떨어지면서 옮겨붙어 불이 남 • 불장난 화재 : 라이터로 신문지에 불을 붙여 소파에 던져 화재가 발생함	

단계 (시간)	교수·학습 활동	기자재 및 유의점 (Know–How)
전개 (30분)	• 가스화재 : 라면을 끓이려고 가스불을 켜는 순간 폭발함 • 불티 화재 : 음식점에서 바퀴벌레를 없애기 위해 주방바닥에 연막탄을 피우던 중 발생한 불티가 주방기구로 옮겨붙어 화재발생 • 유류 화재 : 승용차에 연료를 주입하던 중 주유원이 입고 있던 점퍼의 정전기로 인해 휘발유의 유증기에 착화되어 화재가 발생 • 자동차 화재 : 무더운 날씨로 차 속에 둔 라이터가 가열돼 폭발하여 화재가 발생 ◆ 사례별 화재예방 안전수칙 • 전기화재 : 전선을 완벽하게 꽂고, 문어발식 배선은 하지 않음 • 가스화재 : LPG 용기는 바람이 잘 통하는 곳에 두고, 정기적으로 배관과 호스 점검 • 유류 화재 : 난로 주변에 가연물 두지 않기 • 담뱃불 화재 : 재떨이에 물을 넣고 사용하며, 꽁초를 버리기 전에 제대로 꺼졌는지 확인하기 • 불티 화재 : 용접 작업 시 소화기나 소화수 등을 미리 배치한 후 작업하기 • 자동차 화재 : 여름철에는 차량에 인화성 물질을 놓아두지 않기 ◆ 소화기 사용법 배우기 ① 불이 난 장소로 소화기를 가져간다. ② 소화기 안전핀을 뽑는다. ③ 바람을 등지고 소화기 호스를 불 쪽으로 향한다. ④ 불을 향해 빗자루로 쓸 듯이 약제를 분사한다. ◆ 소화전 사용법 배우기 ① 화재가 발생하면 화재를 알리고자 발신기 스위치를 누르고, 소화전 문을 열고 관창(물을 뿌리는 부분, 노즐)과 호스를 꺼낸다. ② 다른 사람은 호스의 접힌 부분을 펴주고, 관창(노즐)을 가지고 간 사람이 물 뿌릴 준비가 되면 소화전함 개폐밸브를 돌려 개방한다. ③ 관창(노즐)을 잡고 불이 타는 곳에 물을 뿌린다.	★ 화재 위험이 있는 가정의 사진 ★ 사례별 사고 사진 • 사진을 보며 무심코 한 실수로 인해 발생한 화재사고로 큰 인적·물적 손실을 입을 수 있음을 깨닫게 한다. ★ 소화기, 소화전(훈련용) • 소화기와 소화전 사용법 실습을 통해 화재발생 시 두려워하지 않고 침착하게 불을 끄는 능력을 배양한다.
정리 및 평가 (10분)	■ 잠시의 방심이나 판단착오로 화재가 발생할 수 있음을 알고 있는가? ■ 화재가 발생했을 때의 대처방법을 알고 있는가?	

문제 47 A중학교에서 자유학기제 시행에 따른 소방관 직업교육을 실시하고자 한다. 교장 선생님은 진로탐색시간에 소방관에 대해 소개하기로 하고, 이에 소방안전교육사 김교육 선생님에게 소방관의 사명과 소방정신에 대한 교육을 요청하였다. 교육 프로그램 1개 차시의 교수지도계획서를 작성하시오.(30점)

 **문제해설**

교수지도계획서

활동명	소방관의 사명과 소방정신	
교육주제	소방공무원의 헌신과 봉사를 통한 나라사랑 실천의 이해	
교육대상	□ 유아 □ 초등 ☑ 중등 □ 성인	
학습목표	• 소방공무원의 사명과 역할을 설명할 수 있다. • 제복공무원의 헌신과 봉사정신에서 나라사랑 정신을 이해할 수 있다.	
준비물(★)	뉴스 동영상, 그림자료, 소방제복	

단계 (시간)	교수 · 학습 활동	기자재 및 유의점 (Know—How)
도입 (10분)	◆ **홍보영상 보여주기** • 소방공무원 활동영상 관람 • 미담, 신문, 편지 등 소개 • 평소 학생들이 생각하고 있던 소방관 이미지 나누기	★ 홍보영상 DVD, 신문기사 등
전개 (30분)	◆ **우리나라의 제복공무원 소개** • 국가 안위와 국민을 지킴 　(군인(외적), 경찰관(범죄), 소방관(재난), 교도관 등) • 제복에 담긴 의미와 상징 ◆ **소방의 사명과 역할** • 소방의 유래와 역사 • 국민의 생명과 재산 보호 • 119(소방) 정신 : 명예(개인), 헌신(국가), 봉사(국민), 신뢰(조직), 용기 등	★ 제복공무원별 소개 영상 • 프레젠테이션 자료 • 각종 소방제복 : 정복, 근무복, 활동복, 방화복 등

단계 (시간)	교수·학습 활동	기자재 및 유의점 (Know—How)
전개 (30분)	◆ 소방제복 착용 실습 • 제복의 특징과 착용법 설명 • 제복 입고 사진 촬영하기 • 착용소감 이야기하기	• 학생들에게 소방 사명과 제복공무원의 직업세계 소개로 자연스럽게 나라사랑 정신을 생각하고 함양할 수 있는 기회를 제공한다.
정리 및 평가 (10분)	■ 체험소감 발표 및 강평 • 교육 참가자 소감 발표 　※ 나라사랑 실천방법 생각해보기 ■ 질의응답 및 강평	• 학생들이 자발적으로 발표할 수 있도록 유도한다.

문제 48 A중학교에서 자유학기제 시행에 따른 소방관 직업교육을 실시하고자 한다. 교장 선생님은 진로탐색시간에 소방관 직업체험을 하기로 하고, 이에 소방안전교육사 박소방 선생님에게 구급대원 직업체험교육을 요청하였다. 교육 프로그램 1개 차시의 교수 지도계획서를 작성하시오.(30점)

문제해설

교수지도계획서

활동명	소방관이 되려면!
교육주제	진로탐색 활동을 통한 소방공무원의 직업 이해
교육대상	□ 유아 □ 초등 ☒ 중등 □ 성인
학습목표	• 소방 관련 진로탐색을 통해 소방 관련 직업을 알 수 있다. • 소방공무원 채용시험 절차 학습, 체력검정 실습을 통해 소방관이 되는 길을 알 수 있다.
준비물(★)	미래소방관 체험교실 DVD, 자체 PPT, 영상, 유인물, 체력검정기구, 방화복 등

단계 (시간)	교수·학습 활동	기자재 및 유의점 (Know−How)
도입 (10분)	◆ **교육 전반 오리엔테이션** • 체험학습 안내 및 주의사항 당부 ◆ **홍보영상 관람** • 소방 홍보영상 관람	★ 미래소방관 체험교실 DVD • 소방 업무에 관한 흥미 유도
전개 (30분)	◆ **소방공무원 직무 소개** • 소방공무원 조직도, 부서, 근무형태 안내 ◆ **소방공무원 채용 과정 안내** • 필기시험 → 신체검사 → 체력검정→ 면접시험 과정 설명 및 질의응답 ◆ **체력검정 실습하기** • 체력검정 과정 설명 및 기준 안내 • 체력검정 중 윗몸일으키기 등 실습 ◆ **방화복 입어보기** • 신청자에 한해 방화복 착용 및 사진 촬영	★ 프리젠테이션 자료·영상, 유인물, 체력검정 기구, 방화복 등 • 소방공무원 채용절차 설명자료를 배부하여 관심 조성 • 실습 시 동참할 수 있도록 유도 • 학생들에게 소방 사명과 제복공무원의 직업세계 소개로 자연스럽게 나라사랑 정신을 생각하고 함양할 수 있는 기회를 제공한다.

단계 (시간)	교수·학습 활동	기자재 및 유의점 (Know-How)
정리 및 평가 (10분)	■ 체험소감 발표 및 강평 • 교육 참가자 소감 발표 • 신규 대원과의 대화 시간 • 기타 질의응답 및 사진 촬영	• 친근하고 믿음직한 소 방 이미지를 강조한다.

문제 49 A중학교에서 자유학기제 시행에 따른 소방관 직업교육을 실시하고자 한다. 교장 선생님은 소방관 직업체험 중 구급대원 체험을 시켜보기로 하고, 이에 소방안전교육사 김교육 선생님에게 구급대원 직업체험교육을 요청하였다. 교육 프로그램 1개 차시의 교수지도계획서를 작성하시오.(30점)

문제해설

<h3 style="text-align:center">교수지도계획서</h3>

활동명	나도 구급대원!
교육주제	응급환자 평가 체험을 통한 구급대원의 이해
교육대상	□ 유아 □ 초등 ☑ 중등 □ 성인
학습목표	환자 상태 평가 체험(혈압, 맥박, 호흡 측정 등)을 통해 구급대원을 이해할 수 있다.
준비물(★)	VSM(Vital Sheet Monitor), 체험용 구급활동일지, 기타 구급장비 등 Vital Sign이 세팅된 시트, 모니터 및 측정기로 구성

단계 (시간)	교수·학습 활동	기자재 및 유의점 (Know-How)
도입 (10분)	◆ **119 구급대원 직무 소개** • 대원의 자격, 임무, 구급장비 소개 ◆ **홍보영상 관람** • 구급대원의 활동 홍보영상 관람	★ 구급대원 체험 매뉴얼
전개 (30분)	◆ **장비 사용 및 응급처치 교육** • 무전기 사용 및 활동일지 작성법 • 상황에 따른 응급처치 교육 ◆ **구급활동 체험(다양한 상황 부여)** • 인원 : 3인 1조(대원2, 환자1) • 시간 : 20분 이내 • 내용 : 신고 접수 및 출동(무전) 　　　　　현장 도착 및 환자 평가 　　　　　상황별 응급처치 연출 　　　　　병원에 환자 인계(무전)	★ 구급활동일지, 응급처치 기구, 들것, 무전기 등 • 신속성보다 응급처치 순서와 정확도 향상에 중점을 두고 체험시킨다.

단계 (시간)	교수·학습 활동	기자재 및 유의점 (Know—How)
정리 및 평가 (10분)	■ 체험소감 발표 및 강평 • 교육 참가자 소감 발표 　※ 작성한 **구급활동일지 제공** • 질의응답 및 강평	• 친근하고 믿음직한 소 방 이미지를 강조한다.

문제 50	A중학교에서 자유학기제 시행에 따른 소방관 직업교육을 실시하고자 한다. 교장 선생 님은 소방관 직업체험 중 화재진압대원 체험을 시켜보기로 하고, 이에 소방안전교육 사 김교육 선생님에게 화재진압대원 직업체험교육을 요청하였다. 교육 프로그램 1개 차시의 교수지도계획서를 작성하시오.(30점)

문제해설

교수지도계획서

활동명	나도 화재진압대원!	
교육주제	화재진압 체험을 통한 119 구급 업무의 이해	
교육대상	□ 유아 □ 초등 ☑ 중등 □ 성인	
학습목표	화재진압 체험(방화복 입기, 소방호스 전개, 방수 체험 등)을 통해 화재진압대원의 업무를 이해할 수 있다.	
준비물(★)	방화복, 소방호스, 공기호흡기 세트, 관창 등	
단계 (시간)	교수 · 학습 활동	기자재 및 유의점 (Know-How)
도입 (10분)	◆ 화재진압대원 직무 소개 • 대원의 자격, 임무, 화재진압장비 소개 ◆ 홍보영상 관람 • 화재진압대원의 활동 홍보영상 관람	★ 방화복, 공기호흡기 세트 • 화재진압대원 장비 소개

전개
(30분)
	◆ 화재진압장비 사용 및 체험 시 유의사항 교육
	 • 화재 시 방화복 착용법
	 • 방화복 착용 후 방수 시범
	 • 체험 시 안전 유의사항 교육
	
	◆ 화재진압(방수) 체험
	 • 인원 : 2인 1조(방수1, 방수보조1)
	 • 내용 : 방화복 착용하기
	     공기호흡기 세트 착용하기
	     호흡법 배우기(스킵 호흡법 등)
	     (가상)화재 상황 부여 수관 전개
	     (가상)화점에 정확하게 방수하기
		★ 방화복, 공기호흡기 세트, 소방호스, 관창
		
		 • 신속성보다 안전하게 순서에 따라 천천히 체험하도록 한다.

258

단계 (시간)	교수·학습 활동	기자재 및 유의점 (Know—How)
정리 및 평가 (10분)	■ 체험소감 발표 및 강평 • 교육 참가자 소감 발표 • 질의응답 및 강평	

2020년 국민안전교육 표준 실무 개정판 요약정리

부록

안전교육의 궁극적인 목적

1. 화재 및 재난으로부터 '생존'을 위한 능력 배양과 자신뿐만 아니라 타인을 보호할 수 있는 능력을 갖추도록 하는 것이다.
2. 안전에 대한 인식과 이해를 높여 국민의 무관심과 안전 불감증을 해소한다.
3. 각종 안전사고에 대한 대응 능력을 향상시키기 위한 홍보활동을 지속적으로 전개하여 안전교육의 중요성을 인식시킨다.

안전교육의 목표 : 종합적인 안전 능력의 함양

안전에 관한 지식과 행동을 구현할 수 있는 기능·능력 및 안전을 적극 추구하고 몸소 실천하고자 하는 태도 교육이 종합적으로 이루어질 때 안전교육의 목표가 달성될 수 있다고 보는 것이다. 이때 안전 '지식'에 대한 교육은 안전생활과 관련하여 필요한 지식, 정보 등의 지적 기반을 구축하고자 하는 것이고, 안전 '기능'에 대한 교육은 체험, 실습, 경험을 통해 직접 실행할 수 있는 능력을 함양하고 필요 기술을 체득해가도록 하는 것이다. 안전 '태도'의 교육이란 바람직한 가치관과 마음자세를 형성하고자 하는 것으로, 안전과 관련하여 판단·결정하고 행동으로 움직이게 하는 내면의 정의적 동력 체계를 기르고자 하는 것을 말한다.

이러한 지식, 기능, 태도 각각의 요소는 유기적으로 연계되어 상호작용하는 관계에 있다. 안전교육을 통한 '지식 습득, 기능의 습관화, 태도 변화'를 통해 사고예방을 위한 능력을 획득하는 것을 '종합적 능력'이라고 하는데, 이런 안전에 관한 종합적 능력이 바탕이 되어 안전행동 및 안전한 생활의 영위가 가능하므로 이러한 종합적 능력의 함양을 안전교육의 목표로 보는 관점이 대두된 것이다.

교육의 종류	내용
지식·사고	사고발생 원인 및 위험 이해, 사고·판단 및 합리적 의사결정, 창의적 문제해결 등
기능·실천	실험·실습 및 체험을 통한 안전행동 기능과 실천능력 학습 등
가치·**태도**	안전수칙 준수, 타인 배려
반복	지식·기능·태도의 반복을 통한 습관화

결국 안전교육은 좁게는 안전생활 관련 지식의 이해와 정보 획득을 통해 안전에 대한 인식을 제고함은 물론 안전생활과 관련한 올바른 사고력, 판단력 및 합리적 의사결정력과 창의적 문제해결력, 그리고 이를 행동으로 실천할 수 있는 기능 및 태도를 길러 안전사고를 예방하고 안전사고 발생 시의 대처역량을 강화하는 것을 지향해갈 필요가 있다고 하겠다.

동시에 보다 넓은 관점에서의 안전교육은 궁극적으로는 인간 생명의 존엄성을 바탕으로 하여 학교·가정·사회에서의 일상생활에 있어서 안전을 위해 필요한 요소들을 이해하고, 위험 상황에서 적절히 대처할 수 있는 능력을 기르며, 건강 유지 및 안전을 위한 예방 생활 자세의 태도까지도 적극 추구하여 안전한 삶의 전반적인 역량과 자세를 체득케 하는 목표를 지향해가는 것이라 할 것이다.

버드(Bird)와 로프터스(Loftus)의 사고발생 5단계 모델

하인리히의 도미노 이론은 상당히 설득력이 있기는 하지만 사고발생의 원인에 있어서 지나치게 인적 요인에 비중을 둔다는 비난을 받아왔다. 즉, 사람 이외의 다른 요인들에 의한 사고발생 등도 고려해야 하는데 이런 측면이 다소 소홀히 다루어졌다는 것이다. 이러한 점들을 보완하기 위해 수정 발전된 도미노 이론(Updated the domino theory)으로 제시된 것이 바로 버드(Bird)와 로프터스(Loftus)의 사고발생 5단계 모델인 '안전관리 접근론(Safety Management Approach)'이다.

안전관리 접근론에서는 사고발생 원인으로서 인적 요인 외에 통제와 관리 측면까지 포함하였으며, 사고로 인한 결과 또한 사람의 손상은 물론 재산이나 운영 과정 등에서의 손실까지도 고려되었다. 이 이론에서 제시한 다섯 단계는 다음과 같다.

① 통제·관리의 부족 또는 결여
② 기본적 원인·근원(인적 요인, 작업장 요인)
③ 직접적 원인·징후(불안전한 행동과 조건)
④ 사고발생(사람과 재산에 위해를 끼치는 사건)
⑤ 손실 초래(재산, 사람, 과정)

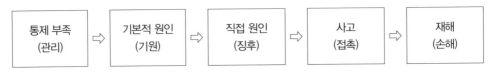

버드 & 로프터스의 재해·사고 발생 5단계

버드와 로프터스도 도미노 이론과 같이 5개의 손실요인이 연쇄적으로 반응하여 재해를 일으키는 것으로 보았다는 점에서는 하인리히와 공통점을 갖는다. 그러나 그 첫 단계에서 전문적 관리·통제 기능의 부족 문제와 마지막 단계에서 상해는 물론 재산상 손실까지도 고려하였다는 데 중요한 공헌점이 있다. 그리고 인적 요인으로 작업/비작업 관련 문제, 정신적 문제, 질병, 좋지 못한 태도, 이해나 능력의 부족 등까지 고려하였으며, 작업장 요인으로는 부적절한 노동, 정상/비정상의 마모 내지 노후 정도, 저급 장비, 불량한 디자인 또는 유지 관리 등까지도 살펴보고 있다는 데 큰 장점이 있다.

이 같은 버드와 로프터스의 이론에 의하면 사고발생 가능성은 건강, 기능 수준, 정서 상태의 불안정 등과 같은 개인적 요인들은 물론 작업장의 시설·장비 등의 물적 조건, 사회구조적인 요인, 관리와 통제 등의 요인까지 폭넓게 고려할 수 있게 되는 것이다. 따라서 사고와 재해를 방지하기 위해서는 개인적 측면과 물적·구조적 측면 모두를 살펴 위험요인들을 미리 예방하거나 제거함으로써 적절하고도 효율적으로 대처해가는 것이 중요하다.

깨진 유리창 이론

깨진 유리창 이론 개념

이 이론의 핵심은 깨진 유리창 하나를 방치해두면 그 지점을 중심으로 범죄, 위험 등이 확산된다는 것으로, 사소한 무질서 혹은 결함을 방치하게 되면 나중에는 더 큰 피해나 피해의 확대가 일어날 수 있다는 의미이다. 결국 정상 상태 또는 문제가 드러나지 않은 상태에서는 위험 상태가 아니지만, 일단 사소한 결함이나 문제점이 발생하기 시작했을 때 대처하지 않거나 방치하면 그 이후에는 돌이킬 수 없는 위험이나 피해가 발생하게 됨을 알 수 있다. 따라서 안전 측면에서는 위험요소가 발견되거나 확인되었을 때 이를 소홀히 하거나 내버려두는 등의 우를 범하지 말고 그 즉시 보완하고 대처해야 이후 큰 사고를 막을 수 있는 것이다.

유아기 아동들의 안전교육 지도 방안

1. 유아들의 중심 생활공간에서의 안전 확보 및 지도

① 가정에서의 안전 지도 : 가정에서 안전사고를 예방하기 위해서는 장소에 따라 예방 및 대처가 필수적이다. 거실에서의 안전사고를 예방하기 위해 책장이나 TV와 같은 무거운 가구들이 넘어지지 않게 잘 고정되도록 하고, 전깃줄은 벽에 잘 고정시켜두며, 바닥에 걸려 넘어질 만한 물건은 항상 치워둔다. 의약품이나 화학물질 등은 유아의 손에 닿지 않는 곳에 보관하고, 창이나 베란다 옆에는 유아가 딛고 올라설 수 있는 가구를 두지 않도록 한다.

주방에서는 그 용품들로 인해 베임, 찢어짐, 찔림, 고온에 의한 사고가 많으므로 냉장고, 싱크대, 서랍 등을 사용하지 않을 때는 항상 잘 닫아두고 잠금장치를 단단히 해둔다. 칼, 포크, 가위, 채칼, 알루미늄 호일 등 날카로운 물건은 아이의 손이 닿지 않는 곳에 보관하고, 각종 세제나 살충제, 가구 광택제 등도 역시 안전한 곳에 보관하고 잠가두도록 한다. 또한 개나 고양이 및 여타 가정에서 사육하는 동물들에 대해서도 어떤 위험성이 있는지를 구체적으로 살펴보고 늘 주의하도록 지도한다.

② 유치원에서의 안전 지도 : 유치원의 경우 실내에서의 안전사고가 실외에서보다 3배 이상 많이 나타나고 있으며, 구체적으로는 보육실에서의 사고가 가장 높고 이어서 유희실, 복도 및 계단 순으로 나타나고 있다. 결국 유아들이 가장 많은 시간을 보내는 장소에서 사고 또한 그만큼 많이 나타나고 있음을 알 수 있다. 따라서 유치원 실내에서의 안전 및 지도가 중요한데, 현관의 경우 항상 잠겨 있어야 하고 유아들이 발이 걸려 넘어지지 않도록 돌출부나 문턱이 없는 것을 권장한다. 유리문의 경우 안전하고 깨지지 않는 두꺼운 강화유리로 설치하는 것이 좋고, 투명 유리문의 경우 충돌을 피할 수 있도록 유아의 눈높이에 반투명이나 그림 등으로 표시해준다.

또한 문틈 사이로 손과 발이 끼이지 않도록 끼임 방지 장치 및 모서리 보호대를 설치한다. 교실 바닥은 난방장치가 되어 있어야 하고 턱이 없어야 한다. 또한 미끄럼 방지처리가 된 바닥재를 사용하고 충격 흡수가 되는 어린이용 바닥 매트를 사용하는 것이 좋다. 교실이 2층 이상인 경우에는 창문에 안전장치를 설치하고 책상이나 의자, 피아노 등이 계단 역할을 하여 유아가 창문에 올라서지 못하도록 한다. 블라인드 줄은 유아의 손에 닿지 않도록 짧게 정리해두고, 교구장 등은 단단히 고정시키도록 한다.

2. 유아 안전교육에 있어서 주요 영역별 안전지도

① 교통사고 예방

유아기에는 신체적인 균형 능력이 발달하고 점차 또래 친구와 이웃, 유아교육기관 등으로 활동범위가 확대되면서 가정보다는 밖에서 보내는 시간이 많아지게 된다. 따라서 다양한 교통사고 위험성이 높아지는 바, 이에 대처하기 위해 유아 자신이 위험 상황을 인식하고 스스로 대처할 수 있도록 보다 구체적이고 반복적인 교육이 필요하다. 특히 유아기의 중심화와 자기중심성, 비가역성 등 전조작기 단계의 인지적 특성으로 인하여 다양한 교통 상황에서 순간적으로 발생하는 위험에 대한 대처 능력을 기대하기는 어렵다. 따라서 이 시기에는 성인의 지속적인 보호와 함께 교통안전 수칙을 바르게 교육해야 한다. 길을 건널 때는 반드시 횡단보도를 이용하고, 녹색불이 켜졌을 경우에도 좌우에서 차가 오는지를 확인하고 팔을 들고 건너는 습관을 기르도록 하는 등이 그 예가 된다.

② 놀이 안전

유아기의 특징적인 놀이로는 구성놀이, 상징놀이, 사회극 놀이, 게임 등을 들 수 있다. 구성놀이는 어떤 생각이나 목표를 가지고 사물을 조작, 구성하는 수준의 놀이를 말하며, 상징놀이는 가작화 요소(as if elements)가 내포된 놀이로서 막대기를 들고 전화기처럼 이야기하는 등 사물을 실제와 다르게 변형하여 하는 놀이이다. 사회극 놀이는 상징놀이가 더욱 발전된 형태로서 한 명 이상의 친구와 함께 협동하여 놀이

주제를 진행하고 놀이에 참여한 또래들 사이에 언어, 행동 등으로 상호작용을 하는 놀이이다.

마지막으로 게임 놀이는 놀이 규칙에 따라 진행되며 주어진 범위 내에서 자신의 행동을 통제해야 하는 사회적 놀이 형태이다. 이러한 놀이가 진행되는 과정에서 특히 놀이의 역할분담이나 게임규칙 준수 등에 관한 갈등이 신체적인 싸움으로 번질 수 있다. 때리거나 미는 등 공격적 행동이 때로는 심각한 상해를 줄 수 있으므로 신체적 공격보다 언어로 표현하도록 하는 등 이에 대한 적절한 지도가 필요하다.

③ 스포츠 안전

유아기에는 다양한 스포츠에 참여하고 즐기는 정도가 매우 커지는 만큼 이 시기에 스포츠를 즐길 수 있는 기본적인 기능을 우선 배워야 하나 동시에 안전하게 즐길 수 있는 안전수칙도 처음부터 배우고 지키도록 하여야 한다. 특히 근래에 들어오면서 자전거나 롤러스케이트 등을 많이 즐기는데 혼잡한 길가나 도로가 아니라 전용 놀이터나 안전한 곳에서 타도록 지도할 필요가 있다. 또한 신체에 적절한 크기의 자전거나 롤러스케이트를 구입하여 안전하게 탈 수 있도록 기본 기능을 잘 연습시켜야 한다. 헬멧, 팔꿈치 및 무릎 보호대 등 보호장구를 반드시 갖출 뿐 아니라 안전 깃발이나 반사기 등 보호기능장구 등도 부착하여 안전사고에 대비하도록 하는 것도 중요하다.

3. 유아의 발달특성을 고려한 지도방법의 적용

① 일상생활과 상황 및 장소 등을 고려한 지도

② 발달 수준 및 차이의 고려

③ 안전생활을 위한 창의성 및 문제해결력의 증진

④ 구체적·직접적 경험 및 긍정적 접근

⑤ 흥미 있고 다양한 방법·활동·자료의 적용

⑥ 통합적 접근 및 반복 지도

⑦ 연계지도

초등학교 아동들의 안전교육 지도 방안

1. 안전생활에 필요한 통합적 안전 역량의 함양

안전생활에 관한 인지적·정의적·행동적 능력의 통합적 접근이 중요하다. 특히 최근 안전하게 행동할 수 있는 실천 능력의 중요성이 많이 강조되어왔는데 그렇다고 해서 안전을 확보하기 위해서는 오직 행동 기술만 익히면 된다는 식으로 이해되어서는 안 된다. 행동 기술만으로는 충분치 않다. 마찬가지로 안전에 관한 지식 또는 기능 어느 하나만 있어서도 안 된다. 아동들이 보다 안전하게 행동하고 생활할 수 있게 되려면 안전지식, 사고·판단 능력, 행위 기술과 실천 능력 그리고 바람직한 안전생활 관련 가치·태도가 통합적으로 추구되어야 한다. 특히 바람직한 안전 태도를 기르는 일과 관련해서는 역할모델이 될 수 있는 중요한 타자들(significant others)의 영향이 크다는 점 또한 유의할 필요가 있다.

2. 학령기 아동들의 발달특성에 기초한 지도방법의 적용

학령기 아동들에 대한 안전교육에서는 실천, 체험 그리고 실습 등을 통한 안전학습이 필수적으로 요청된다(물론 그 이전의 유아기나 그 이후의 청소년기 및 성인기 모두에서도 거의 마찬가지이다). 안전교육에서 실천, 실습 그리고 연습이 성공의 핵심이 되는 이유가 여기에 있다. 이렇게 해서 일단 특정 안전행동들을 습득하게 되면 이것은 일반적인 안전생활 관련 개념 형성의 토대가 된다. 그리고 실습 훈련 시에는 작은 단계들로 구분하여 차근차근 수준을 높여가는 교육방법이 행동에 기초한 개념 형성에 효과적이다. 학령기 아동들에게나 가르치는 사람들에게나 이 시기의 아동들을 대상으로 안전교육을 할 때는 행동으로 하는 것, 몸으로 하는 것, 직접 해보게 하는 것 등이 중요하다 할 것이다.

3. 학령기 아동들의 안전 취약성 극복 노력

아동기의 인지 능력 제약으로 인한 한계를 극복하는 문제이다. 아동들은 나이가 어릴수록 안전 또는 위험에 대해 판단할 때 단일 요소에 초점을 맞추어 생각하는 한계를 보인다. 단일 요소란 바로 눈에 보이는 사물의 존재이다. 예컨대, 차량 같은 것이 있으면 그 장소, 그 상황에 위험도 같이 존재한다고 본다. 문제는 그 역(易)도 그대로 성립된다고 생각한다는 점이다. 즉, 어떤 장소에 사물(차량)이 존재하지 않으면 위험도 없고 따라서 안전하다고 판단하는 것이다. '눈에 보이는 사물(차량)이 없으면 그 장소는 안전하다'고 생각하게 되면 보이지 않는 위험에 대한 대비가 약하게 될 수 있다. 길모퉁이 또는 주차된 차량 뒤편에서 갑자기 등장할 수도 있는 위험에 대해 생각과 판단이 미치지 못하는 것이다.

어떤 위험 상황에서 어떻게 행동해야 하는지 행위 방식 또는 기술을 지도하는 것, 어떤 사물과 장소에 어떠한 위험이 있는지를 구체적으로 파악하고 인식하는 것, 어떤 놀이나 활동을 시작하기 전에 잠시 위험성이 있는지를 먼저 생각하고 살펴본 후 행동에 착수하도록 자신의 생각과 행동을 적절히 통제하고 조절하는 기술을 익히는 것, 자신의 강점과 약점을 객관적으로 인식하면서 부모와 성인들의 관심과 도움 속에서 스스로를 보다 바람직한 사람으로 발전시켜가는 것 등과 같은 다양한 노력들이 전개될 필요가 있다.

중학교 청소년들의 안전교육 지도 방안

1. 중학교 청소년들에 대한 올바른 안전교육적 관점의 정립

이 시기에는 사춘기가 본격화되면서 감정과 정서의 기복이 심하고 충동적이며 짜증과 반항 등의 문제 행동이 본격적으로 나타나기 시작한다. 학령기에 비교적 잠잠하게 크던 아이들이 요동을 치기 시작하는 것이다. 이들은 부모에게 의존하면서도 그로부터 더 멀리 벗어나려 하는가 하면 또래 집단에의 소속을 중시하고 또래 집단의 가치와 규범에 자신을 일치시키려 하면서 종종 부모 및 가족 그리고 사회 및 세상과 충돌하기도 한다. 그리고 초등학교 학령기와는 질적으로 다른 위험행동을 보이기 시작한다. 더욱이 초등학교 학령기 아동들에 비해 나이도 더 많고 머리도 더 커져서 뭔가 더 잘할 수 있어 보이는데도 불구하고 오히려 질적으로는 더 걱정되는 위험행동을 일으키곤 한다.

중학교 학생들을 대상으로 하는 교육은 이들을 단순히 어리석은 아이들로 여기지 말고, 그들의 공격성과 파토스를 창조적 아이디어와 적극적 과제해결 및 개인과 사회의 발전을 위해 능동적으로 공헌할 수 있는 요소로 보고 최선의 교육방안을 창출·적용해가야 함을 강조하고 있다. 따라서 안전교육도 중학교 시기를 단순히 다루기 힘들고 위험한 아이들로 보고 이를 규율하고 통제하려는 차원의 접근이 아니라 오히려 이 시기의 특성과 에너지를 잘 반영하여 적절한 안전교육적 성과로 구현해낼 수 있는 관점에서 접근해야 한다.

2. 중학교 청소년들의 필요를 고려한 안전교육 내용의 선정과 지도

안전 감수성을 기르기 위해서는 청소년들에게 생생한 경험의 기회를 제공할 필요가 있다. 예컨대 신변 안전과 관련하여 현실 세계에서든 사이버 상에서든 욕설과 야유, 멸시와 차별, 그리고 집단 괴롭힘이나 폭력 등의 문제가 자주 일어나는데, 이를 단순히 중학교 시기에는 그런 법이려니 하거나 어쩔 수 없다고 넘기지 않아야 한다. 청소년들에게 서로 간에 비인격적 대우와 저급하고 불량한 언어의 사용, 그리고 타인 괴롭힘과 폭력 사용 등이 피해자는 물론 가해자에게까지 어떤 피해와 손상을 입히는지를 체험 스토리텔링이나 역할극 등의 방식으로 구체적으로 깨닫게 하는 등의 학습 기회를 제공할 필요가 있다.

물론 이외에도 안전 감수성을 기르기 위한 노력은 다각적으로 이루어질 수 있는데, 예를 들어 태풍이나 화재 사고에 관한 영화 등을 보면서 재난 안전에 관한 감수성을 기르는 학습 활동 같은 것도 한 예가 될 수 있다. 자신의 신체 발달과 관련하여 적지 않은 불안을 느끼고 걱정하는 경향이 있다. 따라서 안전교육에서 중학교 청소년들에 나타나는 급속한 신체상 변화나 신체적 불균형 등이 아주 자연스러운 현상일 수 있음을 과학적으로 알려줌으로써 이들의 지나친 걱정을 누그러뜨리고 안정성을 유지해가도록 할 필요가 있다.

3. 중학교 청소년들의 발달특성에 맞는 지도방법의 적용

중학교 시기의 안전교육에서는 이들의 지적 발달의 다양성을 고려한 접근도 중요하다. 초등학교 학령기 말경부터 시작되어 중학교 시기에 한참 더 여물어가는 형식적 조작 능력을 고려하되, 아직 구체적 조작기로부터 완전히 벗어나지 못한 측면도 있다는 점을 염두에 두어야 한다. 따라서 구체적 사고 단계에 있는 학생들에게는 보다 잘 조직된 체계적 학습활동이 적절한 데 비해 형식적 사고 단계의 학생들에게는 보다 도전적인 활동 과제를 부여하는 것이 좋다. 말하자면 깊은 이해를 도모할 수 있도록 잘 조직된 학습경험을 제공하는 일과 함께 창의적으로 문제해결을 해볼 수 있도록 안전생활 관련 과제를 부여함으로써 이들의 지적 흥미를 자극하면서 안전교육의 질을 제고시키는 방향으로 나아갈 필요가 있다. 중학생 청소년기의 발달특성을 고려한 바람직한 안전생활 관련 태도를 형성하는 일도 중요하다.

고등학교 청소년들의 안전교육 지도 방안

1. 고등학교 청소년들의 주요 위험행동에 대처하는 안전교육의 실행

청소년들의 관심사에 관해 보다 많이 이야기를 나누고 그들의 행동에 어떤 변화가 나타나는지 주의를 기울일 필요가 있음을 강조하고 있다. 특히 청소년들이 슬픔을 느끼거나 우울할 경우 어떤 마음 상태인지, 극단적인 생각을 하는지 묻고 대화를 나눌 것을 제안하고 있다. 그렇게 한다고 해서 극단적인 상황을 완전히 방지해주지는 못하지만 주변의 중요한 어른들이 청소년의 감정에 관해 주의를 기울이고 걱정하며 힘이 되어주려 한다는 것을 아는 데는 도움이 된다.

자동차 운전의 위험성에 대해 그리고 도로에서 어떻게 안전을 확보해야 하는지 등에 관해서도 청소년들과 대화를 하고 토론하면서 가르칠 것을 권하고 있다. 또한 청소년들과 약물, 음주, 담배, 불건전한 성적 활동의 위험성에 관해 토론하면서 가르칠 것을 권하고 있다.

2. 고등학교 청소년 보호요인 강화에 필요한 안전교육 노력

안전교육을 수행할 때 우리는 고등학교 청소년을 존중하고 자상하게 배려하면서도, 한편으로는 되는 것과 안 되는 것을 엄격하고 분명하게 구분하면서 안전생활 규칙과 행동방식에 대해 일관되게 적용하고 실천해가는 모습을 강조하고, 또 몸소 모범을 보이는 자세로 교육에 임하는 일이 중요하다 할 것이다. 더하여 청소년들의 신체적·인지적·심리사회적 제 발달의 특징과 그 의미 및 이에 따른 중요한 안전지식과 기능들을 적절히 교육함으로써 합리적인 이해에 기반을 둔 적시성 있는 안전교육을 수행하도록 노력해야 한다. 동시에 신변 안전 및 약물·사이버 안전 등과 관련한 분야에서도 청소년들이 필요로 하는 필수적인 건강지식과 행동지침들을 잘 이해하도록 하고 관련 실천 기능과 능력들을 기르도록 적절히 이끌어갈 필요가 있다.

3. 고등학교 청소년들의 발달특성을 고려한 지도방법의 적용

고등학교 청소년 시기는 거의 성인 수준으로 형식적 조작의 사고가 발달하는 때이다. 경험과 내적인 충실성이 모자랄 뿐 거의 성인과 같은 형식적 조작을 해낼 수 있다고 보아도 과언이 아니다. 따라서 중학교 시기가 구체적인 안전 문제, 실생활 속의 안전에 대한 일반적 교육방법, 구조화된 학습 쪽에 무게를 두었다면, 고등학교 청소년 시기에는 추상적인 문제에 대한 도전적 학습, 탐구와 발견, 문제해결과 토론, 프로젝트 학습 등 보다 다양하고 자율적·창의적이며 비구조화된 학습방법을 시도해보는 것도 좋다.

예를 들면, 중학교 시기의 경우 학내 위험요소를 조사하여 개선점을 찾아 사고를 방지하고 안전한 생활환경 구축과 같은 데 중점을 두었다면, 고등학교 시기에는 학내 안전사고가 발생하는 원인에 대한 심층적 탐구를 통해 문제해결 방안을 마련하고 이를 학교 운영 및 학생들의 안전생활을 위한 정책 차원에서 구현해보는 집단 탐구형 과정으로 이끌어볼 수도 있는 것이다.

안전 교수학습 접근에 따른 수업모형

교수학습 접근방법	수업모형	구체적 수업방법
인지적 접근	직접 교수 중심 수업모형	강의·설명, 모델링, 내러티브 방법 등
행동적 접근	실천체험 중심 수업모형	역할놀이, 현장견학·체험, 연습, 모의훈련 등
정의적 접근	탐구 중심 수업모형	토의·토론, 조사·발표, 집단탐구 등

역할놀이 수업모형(실천체험 중심)

경험 나누기 및 학습문제 인식		역할놀이 준비		역할놀이 시연 및 토론과 재연		정리 및 실천 생활화
• 생활 속 안전 관련 경험 나누기 • 안전 관련 문제 찾기 • 학습문제 인식 및 동기 유발하기	⇨	• 역할놀이 상황 설정하기 • 참가자 선정, 무대 설치, 청중의 준비 갖추기	⇨	• 역할놀이 실연하기 • 토론 및 평가하기 • 재연하기	⇨	• 경험의 공유와 일반화 도모하기 • 종합 정리 및 평가하기 • 생활 속 확대 적용 및 실천하기

실습 · 실연 수업모형

경험 나누기 및 학습문제 인식		안전행동 탐색		안전행동 실습 실연		정리 및 실천 생활화
• 생활 속 안전 관련 경험 나누기 • 안전 관련 문제 찾기 • 학습문제 인식 및 동기 유발하기	⇨	• 안전행동 시범 보이기 • 안전행동 방법 탐색하기	⇨	• 안전행동 연습하기 • 안전행동 단계별로 세분하여 익히기 • 안전행동 반복해서 익히기	⇨	• 정리 및 평가하기 • 생활 속 확대 적용 및 실천하기

놀이 · 게임 수업모형

경험 나누기 및 학습문제 인식		탐색 및 준비		활동 및 발견		실천의지 강화 및 확대 적용 발전
• 생활 속 안전 관련 경험 나누기 • 안전 관련 문제 찾기 • 학습문제 인식 및 동기 유발하기	⇨	• 소집단을 조직하고 준비 갖추기 • 놀이 규칙 정하고 숙지하기 • 놀이활동 방법 및 유의할 점 살펴보기	⇨	• 소집단별로 협동하며 놀이하기 • 안전 관련 지식·기능을 발견하고 학습하기 • 다양한 방법 적용 및 창의적 놀이하기	⇨	• 학습된 안전지식·기능을 실생활 문제에 적용해보기 • 활동소감 나누기 및 평가하기 • 생활 속 확대 적용 및 실천하기

표현활동 중심 수업모형

경험 나누기 및 학습문제 인식	발상 및 표현방법 탐색	창조적인 표현 및 안전학습	정리 및 실천 생활화
• 생활 속 안전 관련 경험 나누기 • 안전 관련 문제 찾기 • 학습문제 인식 및 동기 유발하기	• 안전학습 주제에 관한 다양한 생각과 느낌을 떠올리기 • 음악, 미술, 신체 활동으로 창의적인 표현방법 찾기	• 위험요소 및 안전 행동에 관해 자유롭게 표현해보기 • 음악, 미술, 신체 활동 창의적으로 표현하기 • 상호 감상하며 안전의식 및 바른 실천 성향 가르치기	• 활동소감 나누기 및 평가하기 • 안전의식 내면화 및 다짐하기 • 생활 속 확대 적용 및 실천하기

경험학습 수업모형

경험 나누기 및 학습문제 인식	경험학습 계획	경험학습 실행	정리 및 실천 생활화
• 생활 속 안전 관련 경험 나누기 • 학습문제 인식 및 동기 유발하기	• 경험학습 주제 설정 • 경험학습 계획 및 방법 탐색하기	• 경험학습 실행하기(관찰, 행동, 인터뷰, 실습, 실연, 만들기 등) • 경험의 오류 논의 및 공유와 일반화하기	• 종합 정리하기 • 활동소감 나누기 및 평가하기 • 생활 속 확대 적용 및 실천하기

모의훈련 수업모형

경험 나누기 및 학습문제 인식	참여자 사전 훈련 및 준비	경험학습 실행	정리 및 실천 생활화
• 재난 및 안전사고에 대한 경험 나누기 • 안전사고 또는 재난 시의 문제 찾기 • 학습문제 인식 및 동기 유발하기	• 시나리오 설정하기(규칙, 역할, 절차, 유의점 등) • 안전행동 또는 대피경로 및 절차, 행동방법 익히기 • 단축된 연습시간 갖기	• 모의 상황 제시하기 • 침착한 태도, 안전, 질서 유지하기 • 실제 상황과 같은 자세로 모의 훈련에 참여하기	• 훈련 결과 반성 및 소감 나누기 • 종합 정리 및 반성, 평가, 개선점 토의하기 • 생활 속 확대 적용 및 실천하기

현장견학·체험 수업모형

경험 나누기 및 학습문제 인식		현장견학·체험 계획 및 준비		현장견학·체험학습 실행		종합 정리 및 실천 생활화
• 생활 속 안전 관련 경험 나누기 • 학습문제 인식 및 동기 유발하기 • 견학지 및 유의점 등에 대한 사전 조사 발표하기	⇨	• 견학 장소 및 안전 행동 학습에 필요한 준비 갖추기 • 위험요소 및 안전 행동 탐색하기 • 안전한 행동방법 익히기	⇨	• 현장견학 및 안전 체험활동하기 • 학습한 내용에 대해 교류하고 공유하기 • 견학 및 안전 체험 활동 실행에 대해 반성 및 평가하기	⇨	• 견학하고 익힌 내용 종합 정리하기 • 정리한 사항 발표 및 평가하기 • 생활 속 확대 적용 및 실천하기

가정·지역사회 연계 수업모형

경험 나누기 및 학습문제 인식		가정·지역사회 연계학습 계획 및 준비		가정·지역사회 연계학습 실행		종합 정리 및 실천 생활화
• 안전생활 관련 경험 나누기 • 가정·지역사회 연계학습 필요성 인식하기 • 학습문제 인식 및 동기 유발하기	⇨	• 가정·지역사회 연계학습 주제 설정 및 계획하기 • 안전행동 사전 지도하기 • 가정·지역사회에서의 안전지도 지원체제 마련하기	⇨	• 가정·지역사회의 지도 하에 안전행동 학습하기 • 가정·지역사회에서 안전생활 체험하기 • 학습 및 체험 결과 요약 정리하기	⇨	• 가정·지역사회에서의 안전학습 내용 발표 및 공유하기 • 종합 정리 및 평가하기 • 생활 속 확대 적용 및 실천하기

토의·토론 수업모형

경험 나누기 및 학습문제 인식		토의·토론 준비		토의·토론 실행		정리 및 실천 생활화
• 안전생활 관련 경험 나누기 • 가정·지역사회 연계학습 필요성 인식하기 • 학습문제 인식 및 동기 유발하기	⇨	• 토의·토론 주제 및 내용 정하기 • 토의·토론 방법 및 조직 형태 계획하기	⇨	• 집단토의·토론을 통해 문제해결방법 찾기 • 집단토의·토론 결과 발표하기 • 공동 논의로 제 해결방안 도출하기	⇨	• 전체 토의·토론 내용 정리 및 평가하기 • 생활 속 확대 적용 및 실천하기

조사 · 발표 수업모형

경험 나누기 및 학습문제 인식	조사 학습 준비	조사 학습 실행 및 발표 · 논의	정리 및 실천 생활화
• 문제와 관련된 위험 및 안전에 관한 경험 나누기 • 학습문제 인식 및 동기 유발하기	• 위험 및 안전 관련 탐구문제 설정하기 • 탐구문제의 특성 탐색하기 • 조사 계획 및 방법 정하기	• 소집단별 조사활동 실행 및 내용 정리하기 • 조사결과 발표 및 토의하기 • 조사 · 발표활동 평가 및 반성하기	• 종합 정리 및 활동 소감 나누기 • 생활 속 확대 적용 및 실천하기

관찰학습 수업모형

경험 나누기 및 학습문제 인식	관찰학습 준비	관찰학습 실행	정리 및 실천 생활화
• 안전에 관한 경험 나누기 • 안전 관련 문제 찾기 및 학습문제 인식 • 동기 유발하기	• 관찰해야 할 대상, 장소, 관찰방법 등 탐색하기 • 관찰 계획 세우기 및 관찰 시 유의할 점 알아보기	• 관찰 계획에 따라 오감을 통해 관찰하기 • 관찰한 내용을 기록하기 • 소집단별 조사내용 정리 및 발표하기	• 관찰학습 평가와 안전생활 실천의지 다지기 • 관찰 결과를 생활 속 상황에 적용하고 실천하기

문제 중심 수업모형

경험 나누기 및 학습문제 인식	문제해결 계획 수립	문제해결 탐색 및 해결책 고안	정리 및 실천 생활화
• 생활 속에서 안전 문제에 대해 경험 나누기 • 탐구문제 만나기 : 문제 인식, 발견, 설정하기 • 학습문제 인식 및 동기 유발하기	• 알고 있는 것, 알아야 할 것, 알아 내는 방법 등의 측면에서 살펴보기 • 문제해결방법 강구하기	• 개별 또는 집단으로 문제해결을 위한 지식, 정보 탐색하기 • 필요한 정보를 추가로 탐색하기 • 문제해결방법/전략의 적용과 해결책 고안하기	• 문제해결 결과 발표 및 토의하기 • 탐구 결과 평가와 일반화하기 • 생활 속 확대 적용과 실천하기

집단탐구 수업모형

경험 나누기 및 학습문제 인식	문제해결 계획 수립	문제해결 탐색 및 해결책 고안	정리 및 실천 생활화
• 생활 속에서 안전 관련 경험 나누기 • 탐구문제 설정하기 • 학습문제 인식 및 동기 유발하기	• 탐구를 위한 집단 조직하기 • 탐구문제 세분화 및 탐구 계획 수립하기	• 소집단별 탐구활동 실행하기 • 탐구 결과 요약, 정리하기 • 탐구 결과 발표 및 토의하기	• 탐구 과정 정리 및 평가, 반성하기 • 생활 속 확대 적용과 실천하기

프로젝트 학습 수업모형

경험 나누기 및 학습문제 인식	목적 설정 및 계획	실행 및 평가	종합 정리 및 실천 생활화
• 생활 속에서 안전 관련 경험 나누기 • 탐구문제 설정하기 • 학습문제 인식 및 동기 유발하기	• 프로젝트 목적 설정 및 프로젝트명 정하기 • 활동 과정에 대한 구체적인 계획 수립하기 • 프로젝트 수행 방법 강구하기	• 프로젝트 활동 실행하기 • 문제발생 시 해결방안 강구하고 교수자의 조언, 격려 제공하기 • 프로젝트 완성하고 전체 수행 과정과 산출물 평가하기	• 탐구 과정 정리 및 평가, 반성하기 • 산출물 발표, 전시하기 • 생활 속 확대 적용과 실천하기

설명(강의) 수업모형

경험 나누기 및 학습문제 인식	목적 설정 및 계획	실행 및 평가	종합 정리 및 실천 생활화
• 위험 및 안전에 관한 경험 나누기 • 강의 주제/내용 안내 및 학습문제 인식하기 • 학습동기 유발하기	• 강의 전개 및 설명, 예시, 논증 등으로 학습 밀도 높이기 • 학생들의 이해 정도 점검 및 강의 내용, 방법 등 조정하며 이끌기	• 교수자-학생 상호 간 문답 및 재문답하기 • 강의·설명과 여타 방법 결합하여 발전시키기 • 명료화와 요약/정리, 재강의·설명 이어가기	• 강의/설명 결과 요약 및 정리하기 • 평가 및 피드백 하기 • 생활 속 확대 적용과 실천하기

모델링 중심 수업모형

경험 나누기 및 학습문제 인식	모범행동 시연 및 관찰	모범행동 모방 및 연습	정리 및 실천 생활화
• 생활 속에서 위험 및 안전사고에 관한 경험 나누기 • 학습문제 인식 및 동기 유발하기	• 모범행동 설명 및 시연하기 • 모범행동 관찰 및 탐색하기	• 모범행동 모방 연습하기 • 모범행동의 단계적 구분 연습 및 연계 통합 연습하기 • 모범행동 반복 연습하기	• 정리 및 평가하기 • 생활 속 확대 적용과 실천하기

내러티브 중심 수업모형

경험 나누기 및 학습문제 인식	내러티브 구연 및 참여	내러티브 창조 및 주체화	정리 및 실천 생활화
• 생활 속에서 위험 및 안전에 관한 경험 나누기 • 학습문제 인식 및 동기 유발하기	• 이야기 제시 및 주요 내용 파악하기 • 이야기 속 인물, 사건 전개 및 주요 내용 탐구하기 • 관련되는 자신의 경험 발표 및 공유하기	• 자신의 안전 이야기 및 유사한 상상의 이야기 구성하기 • 이야기를 다양한 방법으로 창의적으로 표현하기	• 활동 소감 나누며 정리 및 평가하기 • 안전의식 내면화 및 실천 다짐하기 • 생활 속 확대 적용과 실천하기

안전교육 평가의 유형

1. 상대평가

상대평가(relative evaluation)는 규준 지향 평가(norm-referenced evaluation)라고도 하며, 학습자의 학업 성취 정도를 그가 속해 있는 집단 또는 비교집단의 규준에 비추어 상대적 서열에 의해 판단하는 평가를 가리킨다. 따라서 이 평가법에 의하게 되면 학습자의 성취 정도는 설정된 교육목표의 달성 정도에 관계없이 그가 속한 집단이나 비교집단의 다른 학습자의 성취 수준에 의해 결정된다. 즉, 한 학생이 무엇을 얼마나 잘할 줄 아느냐를 알려주는 것이 아니라 다른 학생들과 비교해서 어느 위치에 있느냐를 알려주는 평가로, 상대평가는 한 학생의 성취도가 소속집단에서 상대적으로 어느 위치에 있는가를 나타내준다. 예를 들어, 어떤 학생이 그런대로 성공적인 학습결과를 얻었다고 해도 다른 학생과 비교하여 뒤떨어졌다면 그 학생은 좋은 성적을 받지 못하는 것이다. 반대로 어떤 학생이 그다지 좋지 못한 학습결과를 보였더라도 같은 집단의 다른 학생들과 비교했을 때 우수하다면 그 학생은 좋은 성적을 받는 것이다.

2. 절대평가

절대평가(absolute evaluation)는 절대 기준 평가, 목표 지향 평가 또는 준거 지향 평가(criterionreferenced evaluation)라고도 하는 것으로, 이는 안전교육 교육과정 및 그에 근거한 학습지도 등을 통해 실현하려고 했던 수업목표, 또는 의도했던 어떤 준거나 표준의 달성 여부에 비추어 학습자의 성취 정도를 판단하는 평가를 말한다. 이러한 절대평가는 인간을 목표 성취를 위해 분투 노력해가는 능동적이고 자기주도적인 존재라고 보는 관점에 입각하여, 분명한 목표와 기준을 설정해놓고 가급적이면 모든 학습자들이 이 목표에 도달할 수 있도록, 그리고 학습자들 간의 개인차를 최대한 줄여보기 위해 노력하는 입장을 취한다.

즉, 절대평가는 내재적 동기 유발을 강조하고 있어 개인의 상대적인 위치가 높더라도 설정된 목표에 비추어볼 때 부족함이 있다면 계속해서 노력하는 자세를 강조한다. 따라서 주어진 교육목표에 학습자 모두가 함께 도달하는 것이 가능하며, 이를 위해 경쟁을 초월하여 협동적인 학습이 가능한 이점을 갖는다. 또한 절대평가는 목표 지향적인 평가를 지향하기 때문에 설정된 목표가 달성되었을 때 학습자에게 보다 큰 성취감을 줄 가능성이 크다.

3. 진단평가

진단평가(diagnostic evaluation)는 안전교육을 수행하기 전에 우선 학습자가 어떠한 상태에 있는지 알기 위해 실시되는 평가, 즉 안전교육의 학습목표를 효과적으로 달성하기 위해 교수·학습이 시작되기 이전에 학습의 시발점에 있는 학습자의 초기 상태를 측정, 확인하기 위해 실시되는 평가를 말한다. 안전교육을 통해 의도하는 목표에 도달하고 기대하는 성과를 거두려면 사전에 학습자들이 어떤 상태에 있는지, 그들의 배경과 특성, 선수학습 정도는 어떠하며, 적성, 준비도, 흥미, 동기 상태 등은 적절한지 등에 관해 정보와 지식을 갖고 대비책을 세워 임하지 않으면 안 된다. 진단평가는 바로 이러한 요청에 부응하기 위해 실시되는 평가로서 의의를 갖는다. 즉, 진단평가는 학생들의 지적 능력 및 정의적 태도 등에 관한 현주소를 확인해보는 기회를 제공하며, 이 결과에 따라 진단평가에 참여한 전체 학생을 위한 방안을 모색해야 한다.

4. 형성평가

형성평가(formative evaluation)는 수업 과정에서 학생들의 학습목표 도달 정도를 확인하기 위해 실시하는 평가로서 피드백이 즉각적이라는 특징을 갖는다. 안전교육이 이루어지는 중이라면 안전교육 교수·학습이 진행되고 있는 유동적인 상태에서 학습자가 수업목표에서 의도하는 바를 제대로 성취하고 있는지를 점검하여 개선과 발전을 도모하는 한편, 교수자 측면에서는 교수·학습의 방법과 수업과정 그리고 나아가서는 교육과정의 개선까지도 추구하기 위해 실시되는 평가를 말한다. 이러한 형성평가는 안전학습이 진행되는 도중에 학습자들이 학습과제를 성취해나감에 있어 어떤 오류나 곤란이 있을 경우 이를 적시에 발견하여 즉시 보완, 교정할 수 있도록 해주는 장점이 있다. 이때 교수자의 학생에 대한 피드백은 '참 잘했어요'와 같은 평가적 피드백보다는 '무엇을 잘했고 무엇은 개선의 여지가 있다'와 같은 설명적 피드백이 바람직하다.

5. 총괄평가

총괄평가(summative evaluation)는 총합평가라고도 하는 것으로, 교수학습이 종료된 후 교육과정 성취기준의 도달 여부를 확인하는 방법이다. 예를 들어, 안전교육을 실시하였다면 안전교육에서 일정한 기간 동안 일련의 학습과제를 지도한 후, 또는 한 학기나 한 학년도 전체 안전교육 과정이 끝났을 때 당초 설정한 교육목표의 달성 내지 성취 여부를 종합적이고도 총괄적으로 파악하기 위해 실시하는 평가를 말한다. 이러한 총괄평가는 형성평가와 달리

학습 성과의 총합적인 평가에 주안점을 두기 때문에 목표 달성 정도를 측정하는 절대평가의 성격도 지니지만, 종종 학습자의 성취 수준과 질에 대한 판정, 학습자들 상호 간의 우열을 비교하는 상대평가의 성격을 띠기도 한다.

바람직한 안전교육 평가의 조건

일반적으로 교육 평가가 바람직한 것이 되기 위해서는 최소한의 타당도, 신뢰도 그리고 객관도를 갖추어야 한다.

1. 타당도

타당도(validity)란 진정 측정하려는 그리고 측정해야만 하는 것을 어느 정도로 충실히 측정하고 있는지에 대한 정도를 말하는 것이다. 말하자면 타당도는 '무엇을', '어느 정도로 제대로 재고 있느냐' 하는 개념이라고 하겠다. 말하자면 소화기 사용 능력을 측정하고자 하면서 자동심장충격기(AED) 사용 능력을 재려 한다면 이는 타당도를 갖추지 못한 평가가 되는 것이다. 안전교육 평가가 타당도를 갖추기 위해서는 그 학습지도를 통해 가르치려고 했던 내용 내지 교육목표를 충실히 측정하는 것이어야 한다.

2. 신뢰도

타당도가 무엇을 어느 정도로 충실히 측정해내느냐에 관련되는 기준인데 비해, 신뢰도(reliability)는 그 측정해내는 도구가 얼마나 믿을 만한 것인가 하는 기준에 관련되는 것이다. 이를 좀 더 풀어보면, 신뢰도는 믿음성, 안정성, 일관성, 예측성 그리고 정확성과 유사한 의미를 가지며, 대상을 얼마나 정확히 평가하고 있느냐와 관련된다. 예컨대 안전교육 평가에서 화재 대피 능력이 어느 정도인지를 측정하려 할 때 단순히 피상적으로 암기한 정도를 묻는 문항을 적용한다면 이는 평가도구의 신뢰도를 확보했다고 보기 어렵게 된다. 안전교육 평가에서 평가도구의 신뢰도를 높이기 위해서는 안전 역량의 제 측면과 각각의 평가요소를 측정하는 데 걸맞은 평가기법과 도구를 적용하는 일이 요청된다. 신뢰도를 높이기 위해서는 검사의 문항수를 늘리고 답지의 수를 늘리는 것이 필요하다. 또한 변별력이 높은 문제를 제시하고 시험 시간을 충분히 주는 것도 필요하다.

3. 객관도

객관도(objectivity)란 채점자의 채점에 있어서 신뢰성과 일관성이 있는 정도를 가리킨다. 즉, 채점자 또는 시간의 흐름에 따라 채점 결과가 어느 정도 일치하느냐를 말하는 것으로, 이는 다른 말로 하면 평가자 또는 채점자의 신뢰도라고도 할 수 있다. 한 사람이 시간 간격을 두고 여러 번 채점해보는 방법과 여러 사람이 같은 시험을 채점하여 그 일치도를 보는 방법이 있다. 예컨대, 안전교육 평가에 있어 동일한 학습자가 쓴 교통안전에 관한 글을 놓고 한 평가자가 어제 채점한 결과와 오늘 채점한 결과가 같게 나오거나, 여러 평가자가 서로 같은 채점 결과를 내놓게 되면 그 평가의 객관도는 높다고 할 수 있는 것이다. 이때 전자의 경우를 '평가자 내 객관도'라 한다면 후자의 경우를 '평가자 간 객관도'라고 할 수 있다.

평가방법 : 어떻게 평가할 것인가?

1. 지필평가법

지필평가법은 학습자의 안전생활 역량과 관련하여 주로 지적 영역의 성취 수준을 필답시험에 의해 측정하는 방법을 가리킨다. 즉, 안전에 관한 지식과 이해 정도, 사고력과 판단력 등을 측정하는 데 유용하게 쓰일 수 있는 것이다. 그러나 논문형으로는 정의적 측면에 대한 측정도 가능하다. 지필평가법의 종류는 다양한데, 여기서는 선택형, 서답형 그리고 서답형의 한 종류인 논문형의 세 가지로 나뉜다.

2. 면접법

면접법은 교수자가 학습자와 얼굴을 맞댄 상황(face to face contacts)에서 언어적 상호작용을 통해 학습자의 안전생활 및 역량에 관한 여러 가지 자료와 정보를 얻어내는 방법을 말한다. 면접법은 안전 역량의 인지적·정의적·행동적 측면 모두를 측정하는 데 적용될 수 있는데, 특히 인지적·정의적 영역의 특성을 파악하는 데 유용하다. 다만, 대체로 인지적 측면은 지필 검사에 의해, 행동적 측면은 관찰에 의해 측정하는 것이 일반적인 경향이기 때문에 오늘날 면접법은 주로 정의적 측면을 측정하는 데 많이 사용되고 있다.

3. 자기보고법

자기보고법이란 조사하고자 하는 어떤 문제에 대해 학습자가 자기 자신의 생각이나 의견을 답하게 하는 방법을 말한다. 학습자의 안전생활 역량에 대해 면접이나 관찰에 의해 이해할 수도 있지만, 학습자 자신이 자기에 대해 어떻게 생각 또는 판단하고 있는지를 알아봄으로써 이해할 수도 있다. 안전교육 평가에서 자기보고법을 적용하는 이유가 여기에 있다. 따라서 자기보고 방법은 인간은 어느 누구보다도 자기 자신을 관찰하고 평가할 수 있는 기회를 많이 가지고 있고 또 스스로에 대한 경험을 축적해가고 있으며, 이로 인해 스스로에 대해 내리는 판단과 의견이 상당히 소중하고 의미 있을 수 있다는 가정에 입각하고 있는 것이다.

4. 관찰법

관찰법은 인간의 심리와 행동을 이해하기 위한 가장 오래된 측정 방법 중 하나로, 어떤 평가 목적에 따라 평가 대상이 되는 사람이나 현상을 주의 깊게 그리고 가능한 한 정확하게 지각하고 기록하는 방법을 말한다. 이러한 관찰법은 교수자는 물론 학부모, 동료 친구, 지역사회 인사들에 이르기까지 다양한 평가자에 의해 이용될 수 있다.

관찰법의 형태는 다양하게 분류될 수 있으나 일반적으로 크게 자연적 관찰과 비자연적 관찰, 즉, 조직적 관찰로 구분하여 살펴볼 수 있다. 먼저, 자연적 관찰법은 일상생활 속에서 자연스럽게 일어나는 학습자의 안전 관련 행동을 있는 그대로 관찰하는 방법이다. 교실이나 실내, 운동장, 기타 학교 안과 밖의 여러 생활 장면에서 교수자가 수시로 실행하는 관찰이 이에 속한다. 이에 비해 조직적 관찰은 특별한 조건을 주었을 때 나타나는 안전 관련 행동을 조직적으로 관찰하는 것이다. 여기에는 전기적 관찰법, 행동요약법, 시간표본법, 장면표본법, 참가관찰법, 실험적 관찰법 등이 있다.

교수설계의 의의

1. **명료한 정보** : 목표와 필요한 지식 및 기대하는 성취들에 대한 설명과 예시
2. **최선의 실천** : 학습자들이 학습해야 할 것들을 능동적이고 성찰적으로 추구할 수 있는 기회
3. **유용한 피드백** : 학습자들이 보다 효과적으로 진보해가는 데 필요한 도움과 그들이 수행해야 할 것들에 대한 분명하고 세심한 조언
4. **강력한 내·외적 동기** : 학습자들이 매우 흥미를 갖고 참여하도록 하거나 그들이 관심 있는 여타의 성취들을 추구하도록 하는 등 충분한 보상이 주어지는 활동들

가네–브리그스의 교수설계모형

구분	단계	교수사태(수업 절차)	인지 과정(내적 과정)
학습 준비	1	주의 획득	주의
	2	학습목표 제시	기대
	3	선수학습능력의 재생 자극	작용 기억으로 재생
획득과 수행	4	자극 자료 제시	자극 요소들의 선택적 지각
	5	학습 안내 제공	의미 있는 정보의 저장
	6	수행 유도	재생과 반응
	7	수행에 관한 피드백 제공	강화
재생과 전이	8	수행의 평가	자극에 의한 재생
	9	파지 및 전이의 향상	일반화

1. 학습 준비

① 주의의 획득

- 학습의 시작으로 학습자의 주의를 획득하여 교수사태가 원만하게 이루어지도록 한다.
- 몸짓, 음성, 시각매체, 흥미나 호기심을 유발할 수 있는 질문 사용 등을 통해 주의를 집중시킨다.

② 학습목표의 제시

- 학습자가 학습과정에서 자신에게 기대되고 있는 것이 무엇인지를 알도록 한다.
- 학습목표를 제시할 때는 학습자의 발달 수준을 고려하여 적절한 용어, 표현 방식 등을 조절하여 나타낸다.

③ 선수학습능력의 재생 자극

- 본 학습에 필요한 선수학습능력을 새로운 학습을 실시하기 전에 기억 등의 방식으로 재생하는 단계로서 학습자가 새로운 정보를 학습하는 데 필요한 기능을 숙달하는 것이 중요하다.
- 교수자가 학습자에게 사전에 학습한 것을 상기토록 하고 새로운 학습에 연결, 통합되도록 이끈다.
- 만약 선수학습이 제대로 되어 있지 않다면 새로운 학습을 시작하기 전에 이전 내용을 다시 가르쳐야 한다.

2. 획득과 수행

① 자극 자료의 제시

- 자극 자료의 제시는 학습자에게 학습할 내용을 제시하는 것으로서 학습자의 선택적 지각을 돕는 데 초점을 둔다.
- 자극 자료는 언어 정보의 진술 형태(밑줄, 글자 굵기와 진하기, 글자 형태 등), 개

넘의 예, 운동 기능, 다양한 예시 등을 통해 여타의 것들과 분명히 구분되는 특징을 지니도록 한다.

② 학습 안내의 제공

- 학습자가 목표에 명시된 특정 능력을 보다 용이하게 습득할 수 있도록 도울 수 있는 안내를 제공한다.
- 구체적이고 친숙한 예의 제시, 학습자의 지식 경험에 새로운 자극을 연결시키는 등 다양한 방법으로 실행한다.
- 이전 정보와 새로운 정보를 적절히 통합시키고, 그 결과를 장기 기억에 저장할 수 있도록 학생들에게 도움이나 지도를 제공한다. 이러한 도움은 통합된 정보가 유의미하게 부호화되는 데 초점을 두어야 한다.

③ 수행의 유도

- 통합된 학습요소들이 실제로 학습자에 의해 실행되는 단계로서 학습자가 특정 능력을 습득한 것을 실제로 나타내도록 질문이나 행동 지시 등을 통해 수행을 요구한다.
- 교수자와 학습자가 새로운 내용을 학습하였는지 확인하는 기회로 활용할 수도 있다.

④ 수행에 대한 피드백 제공

- 학습자가 새로이 배운 수행 행동을 어느 정도 정확하게 하는지에 관한 피드백을 제공한다.
- 학습자의 수행 행동의 정확성에 대해 정오 판단에 그치는 것이 아니라 오답인 경우 보충설명 등을 통해 수정의 기회와 도움을 주는 정보 제공적 피드백(informative feedback)이 되도록 한다.

3. 재생과 전이

① 수행의 평가

- 다음 단계의 학습이 가능한지를 결정하기 위한 평가를 실시하며, 학습자의 학습목표 달성 여부, 새로운 능력의 학습 여부, 의도한 것을 일관성 있게 수행하는지 여부 등을 확인한다.
- 학습자에게 연습의 기회를 한 번 더 제공하고 발전의 동기를 제공하도록 한다.

② 파지 및 전이의 향상

- 새로 배운 지식과 기능 등을 오랫동안 기억하면서 연습과 정착, 심화와 강화가 이루어지도록 한다.
- 학습된 능력을 새로운 상황에 적용, 발전시키도록 한다.

딕 & 케리의 체계적 교수설계모형

1. 의의 및 배경

딕 & 케리(Dick & Carey)의 교수설계모형은 1978년에 그들의 저서 《체계적 교수설계 (The Systematic Design of Instruction)》를 통해 최초로 세상에 알려졌다. 교수설계 분야의 가장 적절한 두 개 교재 중 하나로 선정되었던 바에서도 알 수 있듯이, 이들의 이론과 모형은 교수설계 분야에 매우 뛰어난 이론과 모형을 제시하였음은 물론 이 영역의 발전에 큰 영향을 미쳐왔으며 오늘날까지도 널리 참조 및 활용되고 있다.

2. 모형 구조

딕 & 케리의 체계적 교수설계모형의 운영 과정을 보면, 처음에는 교수목표를 확인, 설정하는 것으로부터 시작해서 교수 및 학습자와 상황을 분석하는 단계로 나아간 후, 이를 기초로 수행목표를 기술하게 된다. 그리고 이어서 평가도구를 개발하고 교수전략을 수립한 후 교수 프로그램을 개발, 선정하게 된다. 다음으로 형성평가를 설계하여 실행한 후, 그 결과를 가지고 교수 프로그램을 수정, 보완함은 물론 지금까지 거쳐 온 각 단계들에 피드백을 제공하고 개선 및 발전을 도모하게 된다. 그리고 마지막으로 총괄 평가를 개발하고 실행하게 된다.

Dick & Carey 모형

소방안전교육사 관련 법령

소방기본법

제17조(소방교육·훈련)

1. 소방청장, 소방본부장 또는 소방서장은 소방 업무를 전문적이고 효과적으로 수행하기 위하여 소방대원에게 필요한 교육·훈련을 실시하여야 한다. ⟨개정 2014. 11. 19., 2017. 7. 26.⟩

2. 소방청장, 소방본부장 또는 소방서장은 화재를 예방하고 화재발생 시 인명과 재산피해를 최소화하기 위하여 다음 각 호에 해당하는 사람을 대상으로 행정안전부령으로 정하는 바에 따라 소방안전에 관한 교육과 훈련을 실시할 수 있다. 이 경우 소방청장, 소방본부장 또는 소방서장은 해당 어린이집·유치원·학교의 장과 교육일정 등에 관하여 협의하여야 한다. ⟨개정 2011. 6. 7., 2013. 3. 23., 2014. 11. 19., 2017. 7. 26.⟩

   ① 「영유아보육법」 제2조에 따른 어린이집의 영유아

   ② 「유아교육법」 제2조에 따른 유치원의 유아

   ③ 「초·중등교육법」 제2조에 따른 학교의 학생

3. 소방청장, 소방본부장 또는 소방서장은 국민의 안전의식을 높이기 위하여 화재발생

시 피난 및 행동방법 등을 홍보하여야 한다. 〈개정 2014. 11. 19., 2017. 7. 26.〉

4. 제1항에 따른 교육·훈련의 종류 및 대상자, 그 밖에 교육·훈련의 실시에 필요한 사항은 행정안전부령으로 정한다. 〈개정 2013. 3. 23., 2014. 11. 19., 2017. 7. 26.〉 [전문개정 2011. 5. 30.]

제17조의2(소방안전교육사)

1. 소방청장은 제17조 제2항에 따른 소방안전교육을 위하여 소방청장이 실시하는 시험에 합격한 사람에게 소방안전교육사 자격을 부여한다. 〈개정 2014. 11. 19., 2017. 7. 26.〉

2. 소방안전교육사는 소방안전교육의 기획·진행·분석·평가 및 교수 업무를 수행한다.

3. 제1항에 따른 소방안전교육사 시험의 응시자격, 시험방법, 시험과목, 시험위원, 그 밖에 소방안전교육사 시험의 실시에 필요한 사항은 대통령령으로 정한다.

4. 제1항에 따른 소방안전교육사 시험에 응시하려는 사람은 대통령령으로 정하는 바에 따라 수수료를 내야 한다. [전문개정 2011. 5. 30.]

제17조의3(소방안전교육사의 결격사유) 다음 각 호의 어느 하나에 해당하는 사람은 소방안전교육사가 될 수 없다. 〈개정 2016. 1. 27.〉

1. 피성년후견인 또는 피한정후견인

2. 금고 이상의 실형을 선고받고 그 집행이 끝나거나(집행이 끝난 것으로 보는 경우를 포함한다) 집행이 면제된 날부터 2년이 지나지 아니한 사람

3. 금고 이상 형의 집행유예를 선고받고 그 유예기간 중에 있는 사람

4. 법원의 판결 또는 다른 법률에 따라 자격이 정지되거나 상실된 사람 [전문개정 2011. 5. 30.]

제17조의4(부정행위자에 대한 조치)

1. 소방청장은 제17조의2에 따른 소방안전교육사 시험에서 부정행위를 한 사람에 대하여는 해당 시험을 정지시키거나 무효로 처리한다. 〈개정 2017. 7. 26.〉

2. 제1항에 따라 시험이 정지되거나 무효로 처리된 사람은 그 처분이 있는 날부터 2년간 소방안전교육사 시험에 응시하지 못한다. [본조신설 2016. 1. 27.]

제17조의5(소방안전교육사의 배치)

1. 제17조의2 제1항에 따른 소방안전교육사를 소방청, 소방본부 또는 소방서, 그 밖에 대통령령으로 정하는 대상에 배치할 수 있다. 〈개정 2014. 11. 19., 2017. 7. 26.〉
2. 제1항에 따른 소방안전교육사의 배치대상 및 배치기준, 그 밖에 필요한 사항은 대통령령으로 정한다. [전문개정 2011. 5. 30.]

소방기본법 시행령

제7조의2(소방안전교육사 시험의 응시자격) 법 제17조의2 제3항에 따른 소방안전교육사 시험의 응시자격은 별표 2의2와 같다. [전문개정 2016. 6. 30.]

제7조의3(시험방법)

1. 소방안전교육사 시험은 제1차 시험 및 제2차 시험으로 구분하여 시행한다.
2. 제1차 시험은 선택형을, 제2차 시험은 논술형을 원칙으로 한다. 다만, 제2차 시험에는 주관식 단답형 또는 기입형을 포함할 수 있다.
3. 제1차 시험에 합격한 사람에 대해서는 다음 회의 시험에 한정하여 제1차 시험을 면제한다. [전문개정 2016. 6. 30.]

제7조의4(시험과목)

1. 소방안전교육사 시험의 제1차 시험 및 제2차 시험과목은 다음 각 호와 같다.
   ① 제1차 시험 : 소방학개론, 구급·응급처치론, 재난관리론 및 교육학개론 중 응시자가 선택하는 3과목

② 제2차 시험 : 국민안전교육 실무

2. 제1항에 따른 시험 과목별 출제범위는 총리령으로 정한다. [**전문개정 2016. 6. 30.**]

제7조의5(시험위원 등)

1. 국민안전처 장관은 소방안전교육사 시험 응시자격 심사, 출제 및 채점을 위하여 다음
   각 호의 어느 하나에 해당하는 사람을 응시자격 심사위원 및 시험위원으로 임명 또는
   위촉하여야 한다. 〈개정 2009. 5. 21., 2014. 11. 19., 2016. 6. 30.〉

   ① 소방 관련 학과, 교육학과 또는 응급구조학과 박사학위 취득자

   ②「고등교육법」제2조 제1호부터 제6호까지의 규정 중 어느 하나에 해당하는 학교
      에서 소방 관련 학과, 교육학과 또는 응급구조학과에서 조교수 이상으로 2년 이상
      재직한 자

   ③ 소방위 또는 지방소방위 이상의 소방공무원

   ④ 소방안전교육사 자격을 취득한 자

2. 제1항에 따른 응시자격 심사위원 및 시험위원의 수는 다음 각 호와 같다. 〈개정 2009.
   5. 21., 2016. 6. 30.〉

   ① 응시자격 심사위원 : 3명

   ② 시험위원 중 출제위원 : 시험과목별 3명

   ③ 시험위원 중 채점위원 : 5명

   ④ 삭제 〈2016. 6. 30.〉

3. 제1항에 따라 응시자격 심사위원 및 시험위원으로 임명 또는 위촉된 자는 국민안전처
   장관이 정하는 시험문제 등의 작성 시 유의사항 및 서약서 등에 따른 준수사항을 성
   실히 이행해야 한다. 〈개정 2014. 11. 19.〉

4. 제1항에 따라 임명 또는 위촉된 응시자격 심사위원 및 시험위원과 시험감독 업무에
   종사하는 자에 대하여는 예산의 범위에서 수당 및 여비를 지급할 수 있다. [**본조신설
   2007. 2. 1.**]

제7조의6(시험의 시행 및 공고)

1. 소방안전교육사 시험은 2년마다 1회 시행함을 원칙으로 하되, 국민안전처 장관이 필요하다고 인정하는 때에는 그 횟수를 증감할 수 있다. 〈개정 2014. 11. 19.〉

2. 국민안전처 장관은 소방안전교육사 시험을 시행하려는 때에는 응시자격, 시험과목, 일시, 장소 및 응시절차 등에 관하여 필요한 사항을 모든 응시 희망자가 알 수 있도록 소방안전교육사 시험의 시행일 90일 전까지 1개 이상의 일간신문(「신문 등의 진흥에 관한 법률」 제9조 제1항 제9호에 따라 전국을 보급지역으로 등록한 일간신문으로서 같은 법 제2조 제1호 가목 또는 나목에 해당하는 것을 말한다. 이하 같다)·소방기관의 게시판 또는 인터넷 홈페이지, 그 밖의 효과적인 방법에 따라 공고해야 한다. 〈개정 2010. 1. 27., 2012. 5. 1., 2014. 11. 19.〉 [본조신설 2007. 2. 1.]

제7조의7(응시원서 제출 등)

1. 소방안전교육사 시험에 응시하려는 자는 총리령으로 정하는 소방안전교육사 시험 응시원서를 국민안전처 장관에게 제출(정보통신망에 의한 제출을 포함한다. 이하 이 조에서 같다)하여야 한다. 〈개정 2008. 12. 31., 2013. 3. 23., 2014. 11. 19., 2016. 6. 30.〉

2. 소방안전교육사 시험에 응시하려는 자는 총리령으로 정하는 제7조의2에 따른 응시자격에 관한 증명서류를 국민안전처 장관이 정하는 기간 내에 제출해야 한다. 〈개정 2008. 12. 31., 2009. 5. 21., 2013. 3. 23., 2014. 11. 19.〉

3. 소방안전교육사 시험에 응시하려는 자는 총리령으로 정하는 응시수수료를 납부해야 한다. 〈개정 2008. 12. 31., 2013. 3. 23., 2014. 11. 19.〉

4. 제3항에 따라 납부한 응시수수료는 다음 각 호의 어느 하나에 해당하는 경우에는 해당 금액을 반환하여야 한다. 〈개정 2012. 7. 10.〉

   ① 응시수수료를 과오납한 경우 : 과오납한 응시수수료 전액

   ② 시험 시행기관의 귀책사유로 시험에 응시하지 못한 경우 : 납입한 응시수수료 전액

   ③ 시험시행일 20일 전까지 접수를 철회하는 경우 : 납입한 응시수수료 전액

   ④ 시험시행일 10일 전까지 접수를 철회하는 경우 : 납입한 응시수수료의 100분의 50

[본조신설 2007. 2. 1.]

제7조의8(시험의 합격자 결정 등)

1. 제1차 시험은 매 과목 100점을 만점으로 하여 매 과목 40점 이상, 전 과목 평균 60점 이상 득점한 자를 합격자로 한다.

2. 제2차 시험은 100점을 만점으로 하되, 시험위원의 채점점수 중 최고 점수와 최저 점수를 제외한 점수의 평균이 60점 이상인 사람을 합격자로 한다. 〈개정 2016. 6. 30.〉

3. 국민안전처 장관은 제1항 및 제2항에 따라 소방안전교육사 시험 합격자를 결정한 때에는 이를 일간신문과 소방기관의 게시판 또는 인터넷 홈페이지, 그 밖의 효과적인 방법에 따라 공고해야 한다. 〈개정 2009. 5. 21., 2014. 11. 19., 2016. 6. 30.〉

4. 국민안전처 장관은 제3항에 따른 시험합격자 공고일부터 1개월 이내에 총리령으로 정하는 소방안전교육사증을 시험 합격자에게 발급하며, 이를 소방안전교육사증 교부대장에 기재하고 관리하여야 한다. 〈개정 2008. 12. 31., 2009. 5. 21., 2013. 3. 23., 2014. 11. 19., 2016. 6. 30.〉 [본조신설 2007. 2. 1.]

참고문헌

- 《골든타임 1초의 기적》, 박승균, 중앙생활사, 2017
- 《교육과정 및 평가》, 이홍우·유한구·장성모, 한국방송통신대학교출판부, 2005
- 《교육방법 및 교육공학 의사소통, 교수설계, 그리고 매체활용》, 이성흠 외, 교육과학사, 2013
- 《국민안전교육 표준 실무》, 소방청, 119 생활안전과, 2016
- 《생활안전길라잡이 3》, 서울특별시, 한국생활안전연합, 2013
- 《생활안전길라잡이 4》, 서울특별시, 한국생활안전연합, 2013
- 《생활안전지침서, 화재》, 박승균, 다림, 2018
- 《생활응급처치 길라잡이》, 소방청, 소소심안전강사용, 2017
- 《소방안전교육사》, 경기도소방학교, 전문교육과정교재, 2014
- 《알기 쉬운 교육방법 및 교육공학》, 이신동 외, 양서원, 2012
- 《우리는 안전 어린이》, 소방청, 초등학교 고학년용, 2019
- 《재난 대비 국민행동 매뉴얼》, 소방청, 안전길잡이, 2005
- 《행동주의 학습이론의 뇌과학적 이해와 교육적 시사점》, 임수현, 서울교육대학교 교육대학원, 2010
- 《화상예방 및 응급처치 가이드북》, 질병관리본부, 2016

경제경영 & 마케팅 & 자기계발 베스트셀러

나폴레온 힐 성공의 법칙
나폴레온 힐 지음 | 김정수 편역

각종 성공지침서, 자기계발서, 처세
서 등의 롤모델이 된 성공의 교과서!

경제경영 자기계발 베스트셀러!

매출 100배 올리는
유통 마케팅 비법
유노연 지음

유통전문가가 알려주는 실전 온라
인·오프라인 마케팅 핵심 노하우!

eBook 구매 가능

젊은 부자의 수수께끼
부자는 너처럼 안해
김정수 지음

누구나 부의 주인공이 되는 부자 특
급 프로젝트!

eBook 구매 가능

완벽한 기획실무의 정석
천진하 지음

상품기획자, MD, 개발자, 마케터, 디
자이너, CEO, 자영업자 필독서!

eBook 구매 가능

성공하는 사람들의 시간관리 습관 [개정증보판]
유성은 · 유미현 지음

인생을 바꾼 시간관리 자아실현 [개정증보판]
유성은 · 유미현 지음

대한민국 진로백서
정철상 지음

4차 산업혁명시대 누가 돈을 버는가
김정수 지음

eBook 구매 가능　**eBook 구매 가능**　**eBook 구매 가능**

원하는 삶을 사는 여성의 7가지 비밀
배금진 지음

알고 보면 재미있는 경제지식
조성종 지음

데일 카네기 인간관계론
데일 카네기 지음 | 이미숙 옮김

좋은 서비스가 나를 바꾼다
김근종 · 박형순 지음

eBook 구매 가능　**eBook 구매 가능**　**eBook 구매 가능**　**eBook 구매 가능**

경영의 신 마쓰시타 고노스케 사업은 사람이 전부다
마쓰시타 고노스케 지음 | 이수형 옮김

제대로 알면 성공하는 보험 재테크 상식사전
김동범 지음

단번에 고객을 사로잡는 보험 실전 화법 [최신 개정판]
김동범 지음

초보자도 성공하는 펀드 재테크 100% 활용법
김동범 지음

eBook 구매 가능　**eBook 구매 가능**　**eBook 구매 가능**　**eBook 구매 가능**

중앙경제평론사 Joongang Economy Publishing Co.
중앙생활사 | 중앙에듀북스 Joongang Life Publishing Co./Joongang Edubooks Publishing Co.

중앙경제평론사는 오늘보다 나은 내일을 창조한다는 신념 아래 설립된 경제·경영서 전문 출판사로서
성공을 꿈꾸는 직장인, 경영인에게 전문지식과 자기계발의 지혜를 주는 책을 발간하고 있습니다.

소방안전교육사가 쓴 소방안전교육사 2차 기출·예상 문제집

초판 1쇄 인쇄 | 2020년 5월 22일
초판 1쇄 발행 | 2020년 5월 27일

편저자 | 박승균(SeungKyun Park)
펴낸이 | 최점옥(JeomOg Choi)
펴낸곳 | 중앙경제평론사(Joongang Economy Publishing Co.)

대　　표 | 김용주
책임편집 | 김미화
본문디자인 | 박근영

출력 | 삼신문화　종이 | 에이엔페이퍼　인쇄 | 삼신문화　제본 | 은정제책사

잘못된 책은 구입한 서점에서 교환해드립니다.
가격은 표지 뒷면에 있습니다.

ISBN 978-89-6054-252-5(13500)

등록 | 1991년 4월 10일 제2-1153호
주소 | ⑰04590 서울시 중구 다산로20길 5(신당4동 340-128) 중앙빌딩
전화 | (02)2253-4463(代)　팩스 | (02)2253-7988
홈페이지 | www.japub.co.kr　블로그 | http://blog.naver.com/japub
페이스북 | https://www.facebook.com/japub.co.kr　이메일 | japub@naver.com
♣ 중앙경제평론사는 중앙생활사·중앙에듀북스와 자매회사입니다.

도서
주문　www.**japub**.co.kr
전화주문 : 02) 2253 - 4463

※ 이 도서의 국립중앙도서관 출판시도서목록(CIP)은 서지정보유통지원시스템 홈페이지(http://seoji.nl.go.kr)와
국가자료공동목록시스템(http://www.nl.go.kr/kolisnet)에서 이용하실 수 있습니다.(CIP제어번호: CIP2020018715)

중앙경제평론사에서는 여러분의 소중한 원고를 기다리고 있습니다. 원고 투고는 이메일을 이용해주세요.
최선을 다해 독자들에게 사랑받는 양서로 만들어드리겠습니다. **이메일** | japub@naver.com